高等学校公共基础课系列教材

Python 语言程序设计基础

主　编　张世文　黄　晶　黄卫红

副主编　文　宏　阳　锋　王　颖

U0277496

西安电子科技大学出版社

内 容 简 介

　　本书较为全面地介绍了 Python 语言程序设计的基础知识，主要内容包括基本数据类型、控制结构、列表与元组、字典与集合、函数、文件及中文文本分析与数据处理等。书中配有丰富的程序设计实例及课后思考题，既有助于读者巩固所学知识，又可培养读者的实际编程能力。

　　本书可作为高等院校各专业程序设计基础课程的教材，也可作为自学者的参考用书。

图书在版编目（CIP）数据

　　Python 语言程序设计基础 / 张世文,黄晶,黄卫红主编. -- 西安：
西安电子科技大学出版社, 2025. 1. -- ISBN 978-7-5606-7477-3

　　Ⅰ. TP312.8

中国国家版本馆 CIP 数据核字第 2024S0L048 号

策　　划　杨丕勇
责任编辑　杨丕勇
出版发行　西安电子科技大学出版社（西安市太白南路 2 号）
电　　话　（029）88202421　88201467　　　邮　　编　710071
网　　址　www.xduph.com　　　　　　电子邮箱　xdupfxb001@163.com
经　　销　新华书店
印刷单位　咸阳华盛印务有限责任公司
版　　次　2025 年 1 月第 1 版　2025 年 1 月第 1 次印刷
开　　本　787 毫米×1092 毫米　1/16　印 张　15
字　　数　351 千字
定　　价　45.00 元
ISBN 978-7-5606-7477-3

XDUP 7778001-1

*** 如有印装问题可调换 ***

前　言

Preface

以 2016 年谷歌旗下 DeepMind 公司开发的 AlphaGo 连续击败人类顶尖围棋选手为标志，人工智能已经迅速成为当前推动技术革新和社会进步的关键力量。无论是智能家居、自动驾驶车辆、医疗诊断还是金融服务领域，人工智能的应用正逐步改变着人们的工作与生活方式。要实现这些高端技术的应用，编程语言是必不可少的基本工具。在众多的编程语言中，Python 以其功能强大、易学易用、开发快速、第三方库众多等优势脱颖而出，成为了 TensorFlow、PaddlePaddle 等人工智能框架的首选语言。TIOBE 编程语言排行榜显示，截至 2024 年 8 月，Python 以 18.04%的占比排名第一，创下了历史新高，成为历史上最受欢迎的编程语言。

编撰本书的初衷，是为了给初学者提供一份系统性的、深入浅出的 Python 学习资料，帮助读者在短时间内掌握 Python 编程的核心技巧。因此，只要跟随本书一步一步学习，就能从理解最基本的概念开始，逐步掌握较复杂的应用程序设计技巧。为达到此目的，本书在参考大量同类教材的基础上，采用了自顶向下、逐步细化的方法，详细介绍了 Python 语言编程的基础知识；同时兼顾实际应用，以实例的方式介绍了 Python 在中文文本分析、科学计算、数据分析与处理、数据可视化等方面的应用。

本书的第 1 章对计算机的基础知识进行了概述，介绍了 Python 语言的特点、开发平台等。在此基础上，第 2 章至第 7 章主要介绍了 Python 的基本语法、程序流程控制、Python 特有的数据类型、函数以及文件操作。初学者只要掌握了以上知识，就能够进行初级的 Python 程序设计了。第 8 章和第 9 章是较为高级的 Python 应用，主要介绍如何在第三方库的基础上进行应用程序的开发。这里采用了实例教学方法，比如第 8 章以《水浒传》为例，详细介绍了如何对小说进行章回拆分与分析、人物社交关系分析等中文文本分析技巧，读者可以以此为基础对其他文本进行更加深入和广泛的研究。第 10 章是本书精心汇集的新手易犯的错误和程序设计中常见的问题，对于初学者而言，了解并避免这些问题能够较大程度地提高编程效率。

学习 Python 不仅需要积累语法知识，更需要逐步培养计算思维和解决问题的能力。为了更好地帮助读者巩固所学知识和提升编程技能，本教材配备了实践教程，建议读者结合实践教程中的实验和练习，将理论知识转化为实际编程能力。

本书编写分工如下：黄卫红老师编写第 1、6 章，王颖老师编写第 2、7 章，黄晶老师编写第 3、5 章，阳锋老师编写第 4、10 章，文宏老师编写第 8、9 章，徐建波教授对本书进行了审阅，全书由张世文老师统稿。

在编写本书的过程中，我们深感写作之艰辛，但内心充满着对知识共享的热情和对教育事业的承诺。非常感谢所有支持和帮助我们的同事和朋友，感谢每一位读者的信任和选择。希望本书能成为你编程道路上的良师益友，带你进入充满无限可能的 Python 世界。

由于编者水平有限，书中存在不足之处，恳请读者批评指正。

编　者
2024 年 5 月

目　　录

第 1 章

编程语言与 Python 概述

Python 语言是目前所有高级程序设计语言中最具吸引力的语言之一，自诞生以来，其以简单易学、功能强大和良好的跨平台能力而风靡全球。Python 是一种非常接近自然语言的程序设计语言，但对于初学者而言，要迅速掌握这门语言，还需要了解一些必要的计算机科学相关知识，包括计算机系统的软硬件框架、简单工作原理和二进制数据表示等基础内容。本章所述内容主要面向程序设计语言的初学者，已经拥有一定编程经验的读者可以选择略过本章。

1.1 计算机基础

计算机可以说是 20 世纪最重要的科学技术发明之一，它对人类的生产活动和社会活动产生了极其深远的影响。其应用领域从最初的军事科研应用扩展到社会的各个领域，已形成了规模巨大的计算机产业，带动了全球范围的技术进步。目前，计算机已遍及一般学校、企事业单位，进入寻常百姓家，成为信息社会中必不可少的工具。

作为一种强大的计算工具，现代计算机采用超大规模集成电路实现。由于硬件电路只能识别二进制的 0 或 1 信号，因此计算机内部采用二进制数字进行存储和处理。早期的程序员只能使用二进制机器码来编写程序，这是一件烦琐而低效的工作。例如，可能用时两周才能编写出一个解偏微分方程的程序，在机器上运行该程序可能只要几分钟。后来研究者设计出各种高级语言，并用键盘、鼠标和显示器来辅助工作，大大提高了编程效率。

历经多年发展，现代计算机的用途广泛，功能强大，结构精巧，这也使其使用非常复杂。简单而言，计算机用户可以分成三个层次：应用使用、软件设计、硬件开发。应用者不需要理解计算机的构造，能操作鼠标和键盘，熟悉要使用的软件的业务即可；软件设计者需要对计算机系统的软硬件体系有所了解，知道计算机的一般工作原理，且需要掌握程序设计语言，才能编写出满足要求的程序；硬件开发人员则必须熟悉计算机硬件底层的细节以及各个部件的工作方式，能用汇编语言或机器语言直接对硬件进行操作控制，甚至能够根据实际需要设计合适的软硬件系统。因此，为了更好地学习计算机高级语言，需要对计算机的软硬件体系和计算机的工作原理有一个大致的了解。

1.1.1 计算机硬件

一般而言，计算机由运算器、控制器、存储器、输入设备和输出设备五大部件组成。每个部件都是一个功能相对完整的子系统，各部件之间通过总线连接起来，实现数据的交换，如图 1-1 所示。运算器和控制器是计算机的核心部件，通常被集成到一个芯片中，称为中央处理器(Central Processing Unit，CPU)。

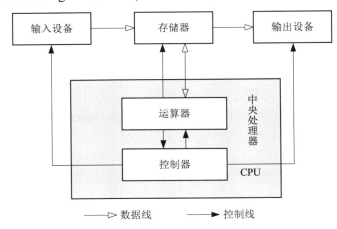

图 1-1　计算机的硬件组成

1. 运算器

运算器也称算术逻辑单元(Arithmetic Logic Unit，ALU)。算术运算指的是加、减、乘、除等数学运算，逻辑运算包括与(and)、或(or)、非(not)等逻辑操作。表 1-1 给出了逻辑与和逻辑或的运算结果。逻辑非的运算结果是数位的否定，如 0 的非为 1，1 的非为 0。当多个二进制位的数进行逻辑运算时，需要按位对齐。除了这些操作，运算器还能实现二进制位串的移位操作，如左移或右移。

表 1-1　逻辑与和逻辑或的运算结果

操　作　数		逻辑与(and)的结果	逻辑或(or)的结果
0	0	0	0
0	1	0	1
1	0	0	1
1	1	1	1

运算器是计算机中速度最快的部件。目前大多数家用计算机的 ALU 每秒大约可以执行 50 亿条运算指令，并且每条指令中的数值长度为 64 bit，所以这些计算机也被称为 64 位微机，或者说字长为 64 位，它表征了运算器的位并行处理能力。

2. 控制器

控制器是整个计算机中结构最复杂的部件，用于指挥、协调计算机各部件工作。每种计算机都有一个最基本的指令集合，机器只能识别这个集合中的指令。控制器是计算机中唯一能够识别这些二进制指令的部件。在程序执行时，控制器从存储器中取出一条指令，对这条指令进行译码，然后根据指令的内容形成控制各个执行部件的多个命令，并把这些命令在工作脉冲的配合下送到运算器和存储器等部件，由这些部件加以执行。同时，控制器还能根据指令的执行情况形成下一条指令在存储器中的地址，为后续指令的取出做好准备，从而达到程序自动执行的目的。

3. 存储器(内存)

程序和数据以二进制位(比特，bit)的形式存储在存储器中。程序是一个指令的序列，而指令是有着固定格式的比特串，其按顺序存放，因此每一条指令都有一个序列号，比如从 0 到 n，存放在存储器的特定位置。程序执行时，CPU 每次从存储器中取出一条指令执行。此外，在程序执行过程中，需要存储一些中间结果和最终结果数据，在计算机语言中这些数据称为变量，存储在存储器中。

整个存储器以字节(byte，简写为 B，1 B = 8 bit，1 KB = 2^{10} B，1 MB = 2^{20} B，1 GB = 2^{30} B，1 TB = 2^{40} B)为单位进行编号，从 0 开始，顺序递增。这些编号称为存储器地址，简称地址。现在家用计算机的存储器容量为 8～16 GB。在程序中要使用存储器必须使用地址，程序中的变量实际上就是一个内存的单元(1 个字节或者多个字节)。

4. 输入设备和输出设备

输入设备方便用户向计算机发送信息。键盘、鼠标等都属于输入设备。比如，用户通过键盘将信息发送给计算机。输出设备负责将运算结果发送到指定部件。屏幕就是典型的输出设备。输入设备和输出设备统称为外围设备。

1.1.2　计算机软件

计算机上运行的软件可以分为系统软件和应用软件两大类。为生产、生活、娱乐、科研等用途而开发的软件称为应用软件，如财务管理软件、电信服务软件、工业控制软件等。为了方便操作计算机，或者为开发应用软件提供辅助目的而设计出的基础软件称为系统软件。典型的系统软件包括操作系统、编译系统、数据库系统以及开发平台(如 EDA 工具等集成环境)等。

操作系统是一种使用最为广泛的系统软件，它为用户提供了一个良好的基础操作平台，其他软件都必须在操作系统的管理下运行。操作系统的作用就是管理整个系统的所有软硬件资源，包括处理器、存储器、外围设备、其他系统软件和所有的应用软件。操作系统给计算机硬件添加了一层外壳，通过操作系统，用户可以不必关注硬件细节，而是采用简单统一的方式进行软硬件资源的访问，所有复杂琐碎的工作均由操作系统设计者完成。

1.1.3　计算机内的数据表示

1. 数据类型

在数据存储和表示方面，计算机和人类存在较大的不同。一方面，计算机只能识别二进制的数字，而用户对于二进制表示却很不习惯；另一方面，计算机的存储器容量虽然很大，但却是有限的，并且每一个数据必须使用一个大小确定的存储单元来加以存放，比如 1 字节或者 4 字节等。因此，需要在机器和使用者之间做一些约定，由机器按照这些约定来分配用户程序运行所需要的存储单元，这些约定称为数据类型。常见的数据类型有字符型(1 字节)、整型(2 字节)、长整型(4 字节)、浮点型(4 字节)以及双精度浮点型(8 字节)等。不同的程序设计语言有不同的数据类型约定，也可以自定义复杂的数据类型。

2. 字符和汉字的表示

多台计算机之间、计算机和用户之间都需要使用统一的编码来表示符号，这些符号包括英文字母、阿拉伯数字、标点符号和其他一些特殊字符。美国信息交换标准代码(American Standard Code for Information Interchange，ASCII)是基于拉丁字母的一套电脑编码系统，主要用于编码现代英语和其他西欧语言。它是最通用的信息交换标准，等同于国际标准 ISO/IEC 646。ASCII 第一次以规范标准的类型发表是在 1967 年，最后一次更新则是在 1986 年，到目前为止共定义了 128 个字符(因为 $2^7 = 128$，所以至少需要 7 位二进制数来区分这 128 种状态)。ASCII 码共 8 位，其中低 7 位是编码，最高位为奇偶校验位。表 1-2 给出了部分字符的 ASCII 码。

表 1-2 部分字符的 ASCII 码

Bin (二进制)	Oct (八进制)	Dec (十进制)	Hex (十六进制)	缩写/字符	解释
0010 1111	057	47	0x2F	/	斜杠
0011 0000	060	48	0x30	0	字符 0
0011 0001	061	49	0x31	1	字符 1
0011 0010	062	50	0x32	2	字符 2
0100 0001	0101	65	0x41	A	大写字符 A
0100 0010	0102	66	0x42	B	大写字符 B
0100 0011	0103	67	0x43	C	大写字符 C

与 ASCII 码西文字符数目相比，汉字的数目更多，因此需要使用更多比特来表示，这种表示方法称为汉字内码。汉字内码有很多种，如 GB 码(也称国标码)是 1980 年国家标准总局发布的简体汉字编码方案，在中国大陆、新加坡得到了广泛使用。国标码对 6763 个汉字集进行了编码，涵盖了大多数常用汉字。GBK 码是 GB 码的扩展字符编码，对 2 万多个简繁汉字进行了编码，汉化版的 Win95 和 Win98 都使用 GBK 码作为系统内码。而 BIG5 码是针对繁体汉字的汉字编码，在中国台湾、中国香港的电脑系统中得到了普遍应用。

3. 数值的表示

所有的数值数据在机器内部都是由 0 和 1 组成的比特串来表示的。数值有正数、负数、整数、小数等，因此，在使用时我们需要做出约定来正确地表示数值。根据小数点的位置不同，可以把数值分为定点数和浮点数两大类。定点数又可以分为定点整数和定点小数。如果约定小数点在整个比特串的最右边，则是定点整数；如果约定小数点在整个比特串的最左边，则是定点小数。因此，即使是同一个比特串，在不同的约定下，其所代表的值很可能完全不同。另外，约定比特串最左边的那一位为符号位，0 表示正数，1 表示负数。浮点数是指小数点位置需要指定的数值，采用类似科学计数法的方式表示。

1.1.4　计算机的工作方式

计算机工作主要依赖于中央处理器和存储器，中央处理器内部包括控制器、运算器和一些寄存器。控制器负责整个程序的自动执行，运算器用于算术运算，寄存器用于临时存储一些数据，包括初始值和中间运算结果。存储器用于存储程序和数据，这些数据可以是待处理的数据初始值、中间结果和最终结果。

程序开始执行时，控制器获取程序的入口地址，也就是程序的第一条指令在存储器中的位置。控制器根据地址从存储器中取出这条指令并进行分析，形成执行这条指令所需要的控制命令，并将这些命令送到运算器、寄存器、存储器等部件去执行。控制器在取完这条指令后，会自动形成下一条指令的地址，为下一条指令的执行做准备。如此反复不断，一直到程序中的所有指令都被执行完毕。在这一过程中，不需要人工干预，程序即可在控制器的指挥下全部自动执行。

下面以函数 y = ax + b 的计算过程为例详细说明计算机的工作过程。表 1-3 给出了计算 y = ax + b 时存储器的存储情况。从表中可以看出，在 100 号到 106 号存储单元中存放的是计算程序的各条指令，为简明起见，二进制代码使用汇编语句代替，每条指令的作用在第三列的说明中给出。200 号、201 号和 202 号存储单元中分别存放 a、x、b 的初始值，203 号存储单元准备用来存放最终的计算结果 y。

开始执行后，控制器从代表程序入口的 100 号存储单元中取出第一条指令，这条指令的作用是把存放在 200 号存储单元中的数据取出到寄存器 R0 中，实际上就是将 a 作为中间结果存放到寄存器 R0 中；取完指令后，控制器会自动形成下一条指令的地址，这里是101(+1 得到)，同时控制器会对指令进行分析译码，发出命令给存储器和寄存器 R0，将存储器的 200 号存储单元中的数据转移到 R0,注意这时 200 号存储单元中的值并没有发生变化，还是 12，执行完毕后，R0 的值也变成了 12。然后取出下一条指令，加以执行……如此周而复始，直到指令 HLT。执行完毕后，203 号存储单元中存放的就是计算结果 81。

表 1-3　计算 y = ax + b 时存储器的存储情况

存储单元	指令和值	说　　明
100	LOD R0, (200)	将 200 号存储单元中的数据取出到 R0 中
101	LOD R1, (201)	将 201 号存储单元中的数据取出到 R1 中
102	MUL R0, R1	将 R0 与 R1 相乘，结果放在 R0 中
103	LOD R2, (202)	将 202 号存储单元中的数据取出到 R2 中
104	ADD R0, R2	将 R0 与 R2 相加，结果放在 R0 中
105	SAV R0, (203)	将 R0 中的数据存放到 203 号存储单元中
106	HLT	停机等待
...	...	...
200	12	已存放 a
201	5	已存放 x
202	21	已存放 b
203	81	用来存放 y

上例展示了计算机如何将一个程序分解成若干命令执行的过程。该过程与人类的计算方法有一定相似性，但该例是一个只包含了几条指令的简单程序。当程序的计算过程变得复杂时，人类很难在短时间内给出正确结果。因此当处理一些复杂问题时，如天气预报、地震预测，我们必须依赖于计算机才能完成。

1.2　程序设计语言

语言是一种交流工具，一般把人类用来相互交流沟通的语言称为自然语言，而把程序员指示计算机完成某件工作所用的语言称为程序设计语言。所以，按照语言的用途来说，自然语言用于人与人的沟通，而程序设计语言则用于人与计算机的沟通。程序设计语言通过一系列的符号、单词和语法规则，来帮助程序员表达和组织计算机程序。

1.2.1　程序设计语言概述

语言可以看成是应用语法规则对词汇进行组合而成的序列。用自然语言写文章的过程和用程序设计语言编写程序的过程相似。写文章时首先是遣词造句，然后将句子汇聚成段落，若干个段落构成一篇完整的文章；而程序员是利用程序设计语言中的基本词汇构成语句，多条语句组织成函数或过程，若干个函数或过程构成计算机程序。图 1-2 展示了自然语言和程序设计语言的结构层次对应关系。

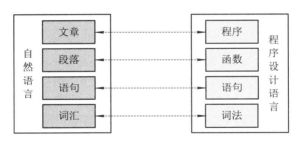

图 1-2　自然语言与程序设计语言的结构层次对应关系

程序设计语言与自然语言具有较大的差异。计算机是一种机器，其硬件只能接受二进制机器指令代码并加以执行，而人们对这种二进制代码是难以理解和使用的，因此计算机科学家试图设计一种编译系统，以将自然语言转换成机器语言。但研究发现，机器语言具有确定性，即任何一条指令在任何时候和任何场合都会产生唯一的执行效果，而人类使用的自然语言的语句则会在不同场合产生不同的含义。因此只能先设计一种具有确定性特征的中间语言，也就是程序设计语言，这种语言一方面与自然语言比较接近，容易为人类所学习和使用，另一方面又能通过编译系统转换成能被机器直接执行的二进制机器语言。

如图 1-3 所示，在人与硬件机器之间，人们设计了一种编译器软件。程序员用程序设计语言编写好程序代码，通过编译器将其转换成二进制的机器代码交给 CPU，CPU 执行后再把运行结果输出至屏幕。这样程序员就借助编译器完成了编写二进制代码的工作。

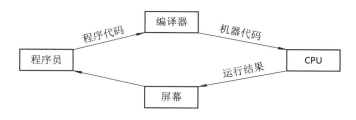

图 1-3　编译器成为人-机之间的翻译

计算机不能直接执行高级语言编写的程序，需要将高级语言程序翻译成目标程序才能执行。这种"翻译"通常有两种方式：编译方式和解释方式。编译方式是将程序中的所有代码作为一个整体来对待，编译通过后才能执行。解释方式则是对程序语言逐条解释并执行，当遇到错误时，则会停止工作，待错误修正后再继续运行。一般而言，在程序编译过程中，编译方式和解释方式各有优缺点。

编译方式的优点在于：

(1) 执行速度快。编译方式将源代码一次性翻译成机器语言，而机器语言可以直接被计算机硬件执行，无需额外的解释过程，因此执行速度通常比解释程序的快。

(2) 安全性高。编译程序生成的机器语言代码无法被轻易识别和修改，因此编译程序更难受到黑客攻击。源代码被编译成机器语言后，其原始形式不再可见，增加了代码的安全性。

编译方式的缺点有：

(1) 平台依赖性。由于编译程序生成的机器语言代码是针对特定操作系统和硬件架构的，因此它们不能在不同的平台上直接运行，需要为不同的平台生成不同的机器码文件。但是，通过使用跨平台的编译器或虚拟机技术(如 Java 虚拟机)，可实现一定程度的跨平台性。

(2) 调试不方便。编译程序生成的机器语言代码很难进行调试，因为它们不能直接查看和修改。为了调试编译程序生成的代码，需要使用专门的调试工具。

(3) 开发效率低。每次修改源代码后，都需要重新编译生成新的可执行文件，这可能会降低开发效率。

解释方式的优点有：

(1) 跨平台性。解释程序可以在不同的操作系统和架构上运行(因为它们将源代码逐行解释，并根据运行环境进行动态适应)，这使得解释程序具有很好的跨平台性。

(2) 调试容易。由于解释程序逐行执行代码，因此在调试过程中可以轻松地检查每一行的执行情况，使得在代码中发现和修复错误更加容易。

(3) 灵活性。解释程序允许用户交互，并在解释和执行代码之间进行交互。这种灵活性使得解释程序在交互式环境中非常适用，例如脚本语言或命令行解释器。

(4) 开发效率高。源代码可以直接执行，无需编译，从而提高了开发效率。

解释方式的缺点有：

(1) 执行速度慢。由于解释程序需要逐行解释和执行代码，解释过程中增加了额外的开销，因此它的执行速度通常比编译程序的慢。

(2) 安全性低。解释程序源代码可以直接查看和修改，这使得它容易受到黑客攻击。相比之下，编译程序的源代码在被编译成机器语言后，其原始形式不再可见，增加了代码的安全性。

(3) 占用资源。解释器在执行过程中需要占用额外的系统资源(如内存和 CPU 时间)，这可能会影响程序的性能。

总的来说，编译方式和解释方式各有其优缺点，适用于不同的场景。编译方式适用于对执行速度和安全性要求较高的场景，而解释方式则更适用于需要跨平台性和灵活性的场景。在实际应用中，可以根据具体需求选择合适的编译方式或解释方式。

1.2.2　程序设计语言的成分

程序设计语言一般包括三个层次的成分：词法、句法和程序，每一个成分都有语法和语义两个方面的含义。与复杂的自然语言相比，每一个成分都更简单和确定，不存在任何二义性。

词法包括关键字、变量、常量、运算符和数值等。关键字是为表达某个特定用途而保留识别的英文单词，每一种语言都有自己定义的一个保留字集合。变量是为了存放在程序运行过程中获得的中间结果和最终结果的存储单元，其名称由程序员自行定义，称为标识符。每一个变量名称实际上都是内存地址的别名，以便于程序员记忆。程序设计语言中的运算符和数值与自然语言中的没有太多区别。

基本的程序语句有多种，如赋值语句、控制语句、函数调用等。赋值语句中赋值符号的左边必须是变量；而函数则由若干条语句序列组成，便于多次调用，函数调用前必须先进行定义或声明，这可以由程序员自行实现，也可以由第三方人员实现。这些语句按照顺序、分支和循环三种结构构成程序，其中分支结构根据判断条件选择其中的一个分支加以执行，循环结构则可以多次执行循环中的语句序列。

1.3　Python 语言

1.3.1　Python 发展简史

1. 起源与早期发展

1989 年圣诞节期间，荷兰计算机科学家 Guido van Rossum 受到 ABC 语言的启发，开始设计 Python。1991 年，首个 Python 编译器被创造出来，并以英国喜剧团体 Monty Python's Flying Circus 命名，这标志着 Python 语言的正式诞生。1994 年，Python 1.0 发布，其引入了 lambda、map、filter 等函数式编程特性，以及对模块和包的支持。

2. Python 2.x 时代

2000 年，Python 2.0 发布，其引入的许多新特性奠定了 Python 2.x 系列的基础，包括增强的类支持、列表推导式、垃圾回收机制、Unicode 支持、迭代器和生成器等。Python 2.x 系列不断引入新的特性，如 Python 2.4 引入了装饰器和生成器表达式，Python 2.5 引入了

with 语句和条件表达式。Python 2.7 是这一时代的最后一个版本。

3. Python 3.x 时代

2008 年 12 月 3 日，Python 3.0 发布，带来了重大革新，如去除了经典类，只支持新式类；统一了整数和长整数类型；改进了 Unicode 字符串支持；print 成为函数等。Python 3 的设计目标之一是消除 Python 2 中一些遗留的冗余和不一致的设计。Python 3 与 Python 2 并不完全兼容，这导致了一些争议和过渡期的存在。然而，随着 Python 3 的不断发展和普及，越来越多的项目和开发者开始迁移到 Python 3。最新版本的 Python 是 3.12 系列，其中的最新版本(截至 2024 年 5 月)是 3.12.3。此版本继承了 Python 3.x 系列的所有优点，并包含了一些新的特性和改进。

4. 社区与生态系统

Python 社区迅速壮大，形成了丰富的开源项目和第三方库生态。例如 Django 和 Flask 用于 Web 开发，NumPy 和 Pandas 用于数据分析，TensorFlow 和 PyTorch 用于机器学习等领域。Python 的易读性、简洁性和可扩展性使其成为许多领域的首选语言，特别是在数据科学、人工智能、Web 开发、自动化运维等领域。

5. 未来发展

Python 在继续发展，并不断添加新的功能。例如，Python 3.12.3 等版本的更新带来了更好的性能和安全性。随着人工智能、大数据和物联网等技术的不断发展，Python 在这些领域的应用也将更加广泛。预计在未来几年中，Python 将继续扩大其影响力，并呈现许多新的发展趋势。

1.3.2　Python 的特点

与传统的 Fortran、Cobol 以及 Pascal 等高级程序设计语言相比，Python 在使用上弱化了编译期间的类型约束检查，采用一种开放式的混合编程模式，能在程序中嵌入由其他语言编写的代码段，并广泛使用第三方开发的支持包，简化了程序员的工作，极大地提高了工作效率。这些都使得 Python 更接近人类使用的自然语言，这也是它广受欢迎的根源所在。

Python 具有以下优点。

1. 高级的内建类型

伴随着每一代编程语言的产生，程序员的编程效率都会达到一个新的高度。相较于机器语言，汇编语言极大地提高了程序员的编程效率；后来出现了 Fortran、C 和 Pascal 语言，它们将计算提升到了崭新的高度。随着 C 语言的发展，又出现了更多的像 C++、Java 这样的现代编译语言，从而有了强大的、可以进行系统调用的解释型脚本语言，如 Tcl、Perl 和 Python。这些语言都有高级的数据结构，减少了以前框架开发所需的时间。而 Python 中的列表(大小可变的数组)和字典(哈希表)就是内建于语言本身的，可以缩短开发时间与代码量，使程序员编写出可读性更好的代码。

2. 面向对象

面向对象编程为数据和逻辑相分离的结构化和过程化编程添加了新的活力。面向对象编程支持将特定的行为、特性以及"和/或"功能与它们要处理或所代表的数据结合在一起。

Python 的面向对象的特性是根植于语言本身的，并且融合了多种编程风格。

3. 升级简便

Python 代码乍看起来与批处理或 UNIX 系统下的 Shell 有些类似。但简单的 Shell 脚本仅能处理简单的任务，即便它们可以在长度上(无限度地)增长，功能也会有所穷尽，而且 Shell 脚本的代码重用度很低，因此只能在小项目中使用，而 Python 代码可以在各个项目中不断完善，添加额外的、新的或者现存的 Python 元素，也可以重用程序员已有的代码，让程序员在扩大项目的范围和规模的同时确保其灵活性、一致性并缩短必要的调试时间。

这里所说的可升级是指 Python 提供了基本的开发模块，程序员可以在它上面开发自己的软件，而且当项目需要扩展和增长时，Python 的可插入性和模块化架构能使整个程序项目更加易于管理。

4. 良好的可扩展性

对于程序项目中大量的 Python 代码，可以通过将其分离为多个文件或模块加以组织管理。而且程序员可以从一个模块中选取代码，而从另一个模块中读取属性，并且对于所有的模块，Python 的访问语法都是相同的。对于特别强调性能部分的代码，可以用 C 语言重写后再作为 Python 的扩展。需要强调的是，重写后的代码接口和纯 Python 模块的接口完全相同，代码和对象的访问方法也相同，但这些代码显著提升了整体性能。

Python 良好的可扩展性使得程序员能够灵活地附加或定制工具，缩短开发周期。这里需要说明的是：Python 的标准实现是使用 C 语言完成的(也就是 CPython)，所以要使用 C 和 C++ 编写 Python 扩展；Python 的 Java 实现被称作 Jython，要使用 Java 编写其扩展；IronPython 是针对 .NET 或 Mono 平台的 C# 实现，可以使用 C# 或者 VB.Net 编写其扩展。

5. 易学易读

Python 的语法非常简洁，无需像其他编程语言那样记忆大量的复杂语法和规则。它的代码块通过缩进来表示，而不是使用大括号 {}，这使得代码结构更加清晰易读。Python 的关键字数量相对较少且大多数都非常直观，便于初学者理解其用途，降低了学习难度。Python 采用小写字母和下画线(如 snake_case)作为变量的命名规范，这种命名方式符合人们的阅读习惯，提高了代码的可读性。Python 的语法规则允许开发者使用更少的代码表达更多的意思，这使得代码更加紧凑且易于阅读。

6. 移植性强

Python 是一种跨平台语言，能在多种操作系统上运行。只要在 Windows、macOS、Linux 或其他操作系统上安装相应的 Python 解释器，开发者就可以无缝地在不同平台上编写和运行 Python 代码，大大提高了开发效率和代码的复用性。

1.3.3　IDLE 集成开发环境

IDLE(Integrated Development and Learning Environment)是 Python 的集成开发环境，专为初学者和 Python 开发者设计。IDLE 支持多种操作系统，包括 Windows、macOS 和 Linux。能运行 Python 和 TK 的任何环境下都可运行 IDLE。

1. 主要功能

(1) 代码编辑器：支持语法高亮、自动缩进和代码补全，为编程提供了便捷的体验。其类似于 Visual Studio 和 Eclipse 等 IDE，但更加轻量级和易于使用。

(2) 交互式解释器：在 Shell 窗口中，用户可以交互式地运行 Python 代码，并能快速获取运行结果。Shell 窗口提供了比基本的交互命令提示符更好的剪切、粘贴等功能。

(3) 调试工具：具备设置断点、单步调试等调试工具，便于查找和解决代码中的错误，为开发者提供了强大的调试支持。

2. 使用方式

(1) 交互式编程：用户可以在 Shell 中直接输入 Python 代码并立即看到运行结果。

(2) 文件编辑模式(脚本模式)：用户可以在文件编辑器中编写 Python 代码，并保存到文件中，然后通过运行该文件来执行代码。这种模式更适合于编写较长或较为复杂的 Python 代码，并且可以通过函数、模块等方式将代码组织成更为结构化的形式。

3. 安装与打开

安装 Python 时，IDLE 会自动安装，无须单独安装。

打开 IDLE 的方法有以下两种：

(1) 在命令行中输入"python"(或"python 3")后按回车键(在 Windows 操作系统下使用命令提示符，在 macOS 或 Linux 操作系统下使用终端)。

(2) 在图形界面中双击 IDLE 图标(通常位于 Python 安装目录下的 Scripts 文件夹中)。

IDLE 是由 Python 的创始人 Guido van Rossum 亲自编写的(至少最初的绝大部分)，这保证了 IDLE 与 Python 语言的紧密集成和高度兼容性。IDLE 作为 Python 官方提供的集成开发环境，凭借其简单易用、功能全面和跨平台支持等特点，成为 Python 初学者和开发者不可或缺的工具之一。图 1-4 展示了 IDLE Shell 3.10.10 的交互式窗口。

图 1-4　IDLE Shell 3.10.10 交互式窗口

1.3.4 Python 的工作方式

Python 本质上是一种解释型语言，它提供了两种工作方式：交互方式和文件方式。Python 的集成开发环境 IDLE 对这两种工作方式都支持。

1. 交互方式

首先在 Windows 操作系统的"开始"菜单中找到"Python 3.10"菜单目录并展开，如图 1-5 所示，然后选择"IDLE(Python 3.10 64-bit)"选项，打开 IDLE。也可以直接在桌面左下角的"搜索"中输入命令"IDLE"打开 IDLE，结果如图 1-6 所示。

图 1-5　从"开始"菜单中打开 IDLE

在图 1-6 所示的 IDLE 中，界面上方是 Python 语言解释器程序的版本信息，下面的 ">>>"称为提示符。在提示符 ">>>" 后输入如下代码，并按回车键，观察解释器窗口的变化。

```
>>>print("大家好，欢迎来到 Python 课堂！")
```

注意： Python 对大小写是敏感的，在输入命令时大小写必须严格按照上面的命令形式，特别是引号("")，不能使用中文中的引号（""），中文或全角字符只能出现在英文引号("")之间或者是注释中。

图 1-6　体验交互式输出文字

图 1-6 所展示的，是 Python 解释器执行了一条指令代码"print("大家好，欢迎来到 Python 课堂！")"，结果输出了代码中给出的字符串，然后再次显示提示符，表示解释执行完毕。

如图 1-7 所示，尝试输入几行代码。其中：输入代码"1＋2＋4＋8"被解释器接受，并成功显示结果"15";输入代码给变量 pi 赋值也被接受;而输入"Python 你好",解释器拒绝解释执行,并用红色文字给出错误提示信息。

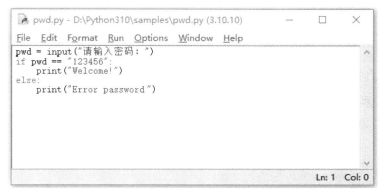

```
IDLE Shell 3.10.10                                        —    □    ×

File  Edit  Shell  Debug  Options  Window  Help

Python 3.10.10 (tags/v3.10.10:aad5f6a, Feb  7 2023, 17:20:36) [MSC v.1929 64 bit
 (AMD64)] on win32
Type "help", "copyright", "credits" or "license()" for more information.
>>> print("大家好,欢迎来到Python课堂!")
大家好,欢迎来到Python课堂!
>>> 1+2+4+8
15
>>> pi = 3.14159265358979
>>> Python你好
Traceback (most recent call last):
  File "<pyshell#3>", line 1, in <module>
    Python你好
NameError: name 'Python你好' is not defined
>>>
                                                        Ln: 13  Col: 0
```

图 1-7　Python 只接受能理解的指令

由此可见,在 IDLE 中,Python 语言解释器只接受自己能够理解的指令代码并解释执行,同时立即给出执行结果。

2. 文件方式

对于比较复杂的程序,若采用交互方式,则编写和调试代码都很不方便。此时,我们可以采用文件方式把所有的代码写到文件中,然后再运行。在这种工作方式下,需要建立一个后缀名为".py"的文件,在这个文件中书写代码,然后由解释器来统一运行。下面以一个简单实例来介绍文件的创建和执行过程。

(1) 在 IDLE 菜单栏中打开"File"菜单,选择第一项"New File",此时系统会创建一个新的窗口,其中的空白区域用来编辑代码内容;输入图 1-8 中的代码,执行"File"→"Save as…"命令,将其保存为一个文件,命名为"pwd.py"。这样就创建了第一个 Python 语言脚本文件。

```
pwd.py - D:\Python310\samples\pwd.py (3.10.10)          —    □    ×

File  Edit  Format  Run  Options  Window  Help

pwd = input("请输入密码:")
if pwd == "123456":
    print("Welcome!")
else:
    print("Error password")

                                                        Ln: 1  Col: 0
```

图 1-8　在文本编辑窗口中输入代码

(2) 在文本编辑器的"Run"菜单中选择"Run Module"命令,或者直接使用快捷键 F5,执行这个文件中所有的代码。

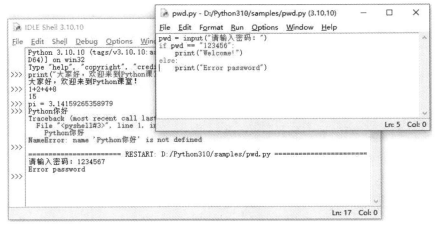

图 1-9　执行 pwd.py 中的代码

如图 1-9 所示，执行结果出现在 IDLE 的 Shell 窗口中。输入的密码"1234567"与正确密码"123456"不符，所以显示"Error password"。

本质上，Python 代码的文件运行方式和交互运行方式完全相同，都是由 Python 的语言解释器将 Python 的代码逐行翻译成机器能理解的二进制语言再交给计算机执行。一般来说，在学习 Python 语法时，为了能够立即了解一些指令的用法，可以选用交互方式；而在编写比较复杂的程序时，应优先考虑采用文件方式来编写、调试和运行代码。

1.3.5　Python 的应用领域

Python 的应用领域非常广泛，以下是一些主要的应用领域。

1. Web 应用开发

Python 提供了许多功能强大的 Web 开发框架，如 Django、Flask 等，这些框架可以帮助开发者快速构建 Web 应用程序。Python 的服务器端编程功能使其能够处理来自客户端的请求并返回响应。Python 也可以用来开发 RESTful API、WebSocket 服务等 Web 服务。

2. 数据分析与可视化

Python 在数据分析领域具有重要地位，它提供了 Pandas、NumPy 等库来处理数据，以及 Matplotlib、Seaborn 等库来进行数据的可视化。Python 的 Scikit-learn 等库支持数据挖掘和机器学习，可以用于数据预测和智能推荐等。

3. 人工智能与机器学习

Python 是人工智能和机器学习的首选语言之一，拥有 scikit-learn、TensorFlow 和 PyTorch 等强大的机器学习库。这些库支持各种机器学习任务，如分类、回归、聚类等，并广泛应用于图像识别、语音识别、自然语言处理等领域。

4. 自动化运维

Python 在运维领域的应用包括自动化脚本编写、日志分析、监控系统构建、配置管理、网络管理和故障排除等。Python 的简洁易懂的语法和丰富的库使其成为运维人员的得力助手。

5. 网络爬虫

Python 在网络爬虫领域具有重要地位,其简洁的语法和丰富的库(如 requests、Beautiful-Soup、Scrapy 等)使得开发网络爬虫变得相对简单。网络爬虫可以用于数据采集、信息分析、搜索引擎优化等多种场景。

6. 科学计算

Python 在科学计算领域也有广泛应用,包括生物信息学、信号处理与图像处理、数值计算与符号计算等。Python 的 SciPy、NumPy 等库提供了丰富的数学和科学计算功能。

7. 游戏开发

虽然 Python 不是游戏开发的首选语言,但它仍然可以用于游戏开发,尤其是一些小型游戏或游戏原型。

此外,Python 还可以用于实现各种工具和脚本,如文本处理等。在系统网络运维方面,Python 也是一门非常合适的语言,可以做管理系统、监控系统等,提高工作效率。同时,许多知名企业如豆瓣、知乎、百度等都在使用 Python 完成各种业务。随着技术的不断发展,Python 的应用领域也在不断扩大。

1.4 Python 及 PyCharm 的安装

1.4.1 Windows 下 Python 的安装

Python 是一种跨平台的语言,可以在 Windows 和 Linux 等多种操作系统下使用,这里只介绍 Windows 平台下的安装,使用 Linux 的用户可以查阅其他资料自行处理。

在 Windows 操作系统下安装 Python,首先需要检查系统是否安装了 Python。在"开始"菜单中输入"command"并按回车键即可打开一个命令窗口;也可按住 Shift 键并右击桌面,再选择"在此处打开命令窗口";在命令窗口中输入"python"并按回车键。如果出现 Python 提示符(>>>),就说明系统中已经安装了 Python。如果看到一条错误消息,指出 Python 是无法识别的命令,就说明系统中没有安装 Python,需要下载 Windows Python 安装程序。Windows 下 Python 的安装步骤如下:

(1) 打开 http://www.python.org/download,选择"download"菜单项下的"All releases"项,再选择相应的版本下载。本书采用的版本是 3.10.10。如果想体验最新版本,可以选择"download python 3.12.3"。

(2) 鼠标双击打开安装包,在弹出窗口的最下方勾选"Install Launcher for all Users (recommended)"和"Add Python 3.10 to PATH",然后点击"Next";勾选"Option"页面中的全部选项,继续点击"Next";在"Advanced Option"页面中勾选前 5 个选项,并选择安装路径,最后点击"Install"。注意:在最后安装结束的页面中,我们可以点击"disable path length limit"禁用系统路径长度限制,这将会在以后的使用中省去很多麻烦。

(3) 安装结束后,在系统中按下 Win + R,输入"cmd"后回车,进入 command 命令行模式;然后输入"python --version"进行验证,若出现 Python + 版本号,则说明安装成功,如图

1-10 所示。

图 1-10　Python 安装成功验证

1.4.2　PyCharm 的安装

PyCharm 是一种 Python IDE(Integrated Development Environment，集成开发环境)，带有一整套可以帮助用户在使用 Python 语言开发时提高效率的工具，比如调试、语法高亮、项目管理、代码跳转、智能提示、自动完成、单元测试、版本控制等。此外，该 IDE 还提供了一些高级功能，用于支持 Django 框架下的专业 Web 开发。

与 IDLE 相比，PyCharm 的功能更加强大，增加了项目管理等功能，适合更大规模的多模块软件开发，其主要功能包括编码协助、项目代码导航、代码分析、Python 代码重构、支持 Django 框架和支持 Google App、图形页面调试以及集成单元测试等。其使用相对也更复杂，熟练掌握后能大幅提高代码开发效率。PyCharm 3.13 开发界面如图 1-11 所示。本书中开发的实例都是在 IDLE 中完成的，有兴趣的读者也可以选择使用 PyCharm。

图 1-11　PyCharm 3.13 开发界面

PyCharm 是由 JetBrains 公司开发的，其官方下载地址为 https://www.jetbrains.com/pycharm/。PyCharm 社区版是提供给开发者免费使用的，主要针对纯 Python 开发，包括了基础的开发工具，例如代码补全、调试、版本控制等，对于初学者和中级开发者来说已经完全够用。但社区版仅限于非商业用途。相比专业版，社区版缺少一些高级功能，如 Web 开发、Python Web 框架、Python 分析器、远程开发、支持数据库与 SQL 等。下面简述 PyCharm 3.10 和常用第三方库的安装方法，详细的安装过程参见本书配套习题册中的相应章节。

1. PyCharm 3.10 的安装

安装步骤如下：

(1) 访问官网 https://www.jetbrains.com/pycharm/download/#section= windows，下载"社区版 Community"安装包。

(2) 双击安装包，进行安装。建议不要把安装目录放置在系统盘(C 盘)，而是另外选择一个目录如 d:\pycharm310。在 Options 安装界面勾选"Add 'bin' Folder to the PATH"，保证把安装目录添加到系统搜索路径的变量中去。

2. 第三方库的安装

在 PyCharm 中通常需要安装很多的第三方库，以使用相应的拓展功能。这里介绍一些常用库及其安装方法。

(1) NumPy：用于科学计算和数值分析。

(2) Pandas：用于数据分析和数据预处理。

(3) Matplotlib：用于数据可视化和绘图。

(4) TensorFlow：用于机器学习和人工智能。

(5) Scikit-learn：用于机器学习和数据挖掘。

(6) Flask 和 Django：用于 Web 应用程序开发。

(7) Request：用于 HTTP 请求和 API 调用。

(8) Beautiful Soup：用于网页解析和数据抽取。

(9) Pygame：用于游戏开发。

这些库的安装非常简单，安装好 PyCharm 后打开，从"File"→"settings..."菜单项进入安装，在搜索框中选择需要添加的第三方库，点击"安装"即可。也可用命令行的形式安装。首先打开命令行，如果没有安装 pip(管道)，先要在系统的命令行方式下键入以下命令安装 pip：

```
python -m ensurepip --default-pip
```

在 Windows 平台上，pip 通常会与 Python 一起安装。如果使用的是 Python 3.4 及以上版本，pip 应该已经安装好了；如果没有，可以从 Python 的官网上下载和安装最新版本的 Python，此版本包括 pip。

接着安装需要的库。例如，安装 Flask 库时应键入：

```
pip install Flask
```

然后，到官网去查找 Flask 库并下载，如图 1-12 所示。

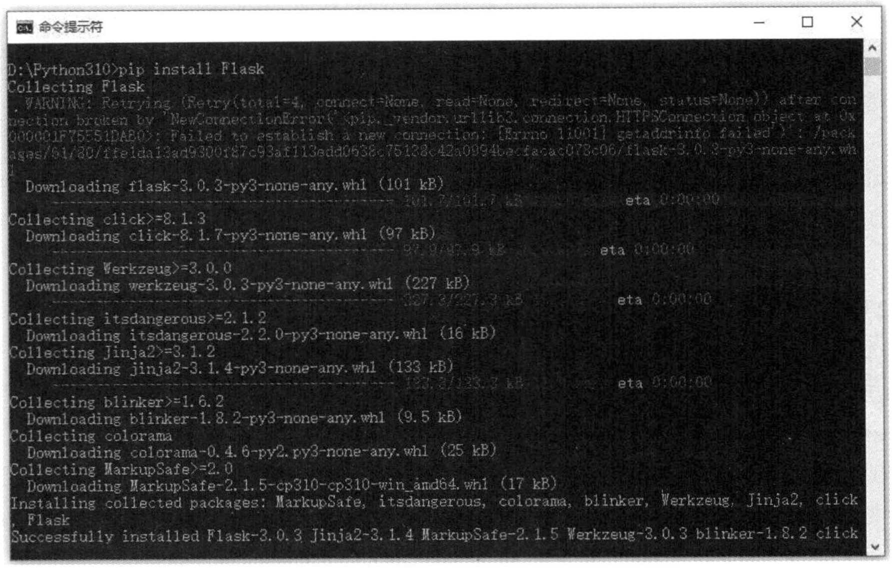

图 1-12　用 pip 命令安装 Flask 库

这样就完成了 Flask 库的安装。如需要安装其他库，只要改变命令中的库名就可以了。

本 章 小 结

　　本章首先介绍了学习计算机语言所需的计算机基础知识，主要包括计算机的硬件组成、软件作用与分类、数据表示，并结合一个代数求值的计算程序实例简单阐述了计算机程序自动执行的基本原理；然后简述了程序设计语言的一般概念，并将程序设计语言和自然语言进行了对比，使初学者对将要学习的程序设计语言有一个粗略的了解；接着介绍了 Python 语言的发展简史，着重讲述了 Python 的特点，并介绍了它的应用领域；最后简述了 Python 和 PyCharm 的安装方法。

课 后 思 考

　　1. 现代计算机在硬件上是由控制器、运算器、存储器、输入设备和输出设备五大部件组成的，它们共同构成一个系统整体。在功能上，计算机和人一样，也能够完成各种算术与逻辑运算。试把计算机的五大部件和人体的构造做一个类比对应。

　　2. 从发展过程来看，计算机程序设计语言从非常晦涩的二进制机器语言开始，到汇编语言，到后来的高级语言如 Fortran、Cobol、Pascal 乃至 C 和 Java 脚本语言，再到现在的 Python，越来越接近人类的自然语言。请查阅相关资料，就"程序设计语言最终将与自然语言深度融合"这一论断做一个判断。

　　3. 仔细阅读 1.3 节的内容，并上网查询资料，思考：为什么 Python 语言在设计出来后的十余年间就能成为风靡全球的编程语言？

第 2 章

Python 基本语法

在学习 Python 的过程中，掌握其基本语法是一项基础且关键的步骤。与其他编程语言相比，Python 代码可读性强，语法简洁，同时它也具备丰富的数据类型和操作方式，这些特征为编程提供了广泛的灵活性和强大的功能。本章将详细介绍 Python 的基本语法，从变量定义、输入/输出到基本数据类型及其操作等，每一部分都通过具体的代码示例进行解释，旨在帮助读者建立坚实的编程基础，为后续编写 Python 程序做好准备。

2.1 引　例

【例 2-1】 计算矩形面积。通过用户输入获取矩形的长度和宽度，然后计算并打印面积。
【参考代码】

```python
#2-1.py


length = float(input("请输入矩形的长度: "))
width = float(input("请输入矩形的宽度: "))


area = length * width
print("矩形的面积为:", area)
```

运行上述代码，得到如下结果：

```
请输入矩形的长度: 3.2
请输入矩形的宽度: 4.5
矩形的面积为: 14.4
```

对于上述计算矩形面积的 Python 程序，我们可以通过以下详细步骤来理解其编程逻辑。

步骤 1：明确问题。

首先需要明确我们的目标：编写一个程序来计算矩形的面积。矩形面积的计算公式是长度 × 宽度，这意味着需要从用户端获取这两个数值。

步骤 2：获取用户输入。

使用 input()函数接收用户输入。在 Python 中，input()函数会打印括号内的字符串作为提示，并等待用户输入。用户输入的值以字符串的形式返回。

由于矩形的长度和宽度是数值(可能是整数或浮点数)，因此我们需要将字符串转换为数值形式进行数学运算。这里使用了 float()函数将字符串参数转换为浮点数。

步骤 3：计算面积。

在将用户输入的长度和宽度分别赋值给变量 length 和 width 之后，我们使用乘法运算(*)来计算面积，得到的面积值被赋值给变量 area。

步骤 4：显示结果。

最后一步是向用户展示计算结果。我们可以使用 print()函数输出字符串和变量值。通过将字符串"矩形的面积为:"和变量 area 一起传递给 print()函数，我们能够在终端或控制台上打印出矩形面积的值。

步骤 5：测试和验证。

在完成程序编写后，运行几次程序，可以使用不同的输入值(包括整数和浮点数)来验证程序是否正常工作。

上述过程展示了解决一个简单编程问题的逻辑。通过明确问题、收集必要信息(通过用户输入)、处理这些信息(通过计算和转换)、将处理后的信息(结果)反馈给用户，我们可以逐步解决更复杂的问题。这个过程也强调了编程的基本要素：变量声明与赋值、输入/输出操作、数据类型转换、数学运算以及结果展示。通过理解这些基础概念，在后面的学习中，我们可以编写更复杂的程序来解决实际问题。

Python 是一种非常注重可读性的编程语言，其基本书写规则旨在确保代码清晰、简洁。遵循这些规则能够让我们的代码更易于维护，同时也能够减少因为语法错误或格式不当导致的问题。下面我们来说明 Python 语言的一些基本书写规则。

(1) 虽然上述例子中没有展示缩进，但是，在 Python 中，代码缩进是非常重要的。Python使用缩进来表示代码块，不同于其他使用大括号的语言。标准的缩进为每级 4 个空格。缩进的一致性对于保持代码的结构及可读性非常关键。例如：

```
>>> numbers = [1, 2, 3, 4, 5, 6, 7, 8, 9]    #定义一个数字列表
>>> for number in numbers:                   #遍历列表中的每个数字
    if number % 2 == 0:                      #如果数字是偶数
        print(number)                        #输出偶数
```

(2) 从第一列开始，前面不能有任何空格，否则会产生语法错误。注意：注释语句可以从任意位置开始；复合语句构造体必须缩进。在 Python 中，复合语句是指那些包含其他语句的语句，它们扩展了简单语句的功能。复合语句通常用于控制程序的流程，进行数据的条件处理、循环处理等。

(3) 在 Python 程序中，通常一行书写一条语句，如果一行内有多条语句，语句之间要求使用分号分隔。如果一条语句过长，可以使用反斜线"\"来实现分行书写功能。在 ()、[]、{} 内的跨行语句，也被视为一行语句。例如：

```
>>> print("如果语句太长，可以使用反斜线"\"来实现\
分行书写功能。")
>>> (3+
    5)
```

(4) 在 Python 程序中，添加注释是非常必要的。注释以"#"开始，对复杂的代码块和操作使用注释，用来说明其功能或目的。单行注释使用"#"，而多行注释可以用三引号"'''"或""""""包裹。

(5) 在 Python 程序中，所有语法相关的符号，包括冒号":"、单引号"'"、双引号"""以及小括号"()"等，都应当使用英文输入法进行输入，除非这些符号位于字符串之内。

2.2　标识符与命名规则

2.2.1　标识符

在 Python 中，包、模块、函数、类、变量等的名称必须是有效的标识符。标识符在定义时，需遵循以下命名规则。

(1) 标识符的第一个字符必须是字母(大写或小写)或下划线(_)。

(2) 标识符的其余部分可以由字母、下划线(_)或数字(0～9)组成。

(3) 标识符在 Python 中是区分大小写的。例如，variable、Variable 和 VARIABLE 是三个不同的标识符。

(4) 标识符不能是 Python 的保留关键字。Python 的保留关键字是该语言保留的单词，拥有专门的编程意义(如 if、for、class 等，见后文)。

(5) 标识符应尽量具有描述性。例如，使用 name 或 user_age 比使用 n 或 a 更有意义。

(6) Python 3 以后的版本支持 Unicode 字符作为标识符，但最好避免使用，特别是在代码共享或国际化环境中。

例如，name、_name、name_2、Name 为正确的变量名，而 2name(因为以数字开头)、my-name(因为包含减号)、if(因为是 Python 的关键字)都为错误的变量名。

另外，Python 在变量命名和其他标识符的命名方面有一些推荐的命名风格。函数名、变量名通常使用小写字母，单词之间用下划线分隔，例如 my_variable。如果是类名，通常使用每个单词首字母大写的形式，也称为大驼峰命名法，例如 MyClass。常量通常全部使用大写字母，单词之间用下划线分隔，例如：MAX_OVERFLOW、TOTAL。不推荐在变量名中包含类型信息，如 name_list 可以简化为 names。

2.2.2　保留关键字

在 Python 中，关键字是一些预先保留的具有特殊语法意义的标识符。这些关键字定义了 Python 语言的规则和结构，不能用作变量名、函数名或任何其他标识符的名称，否则会产生编译错误。

每个关键字都有其特定的用途和意义，例如用于定义循环的 for 和 while，用于条件判断的 if、elif 和 else，以及用于定义函数的 def 等。

Python 3 的关键字如表 2-1 所示。

表 2-1   Python 3 的关键字

关 键 字			
False	None	True	and
as	assert	async	await
break	class	continue	def
del	elif	else	except
finally	for	from	global
if	import	in	is
lambda	nonlocal	not	or
pass	raise	return	try
while	with	yield	

在 Python 中，使用帮助系统可以查看系统关键字。Python 提供了一个内置的帮助系统，可通过几种不同的方式访问，帮助我们查询关键字、函数、模块等信息。下面是使用 Python 的帮助系统来查看系统关键字的具体步骤和示例。

(1) 运行 Python 内置集成开发环境 IDLE。

(2) 进入帮助系统。当 Python 解释器启动后，输入 help()命令以进入 Python 的内置帮助系统。

```
>>> help()
```

(3) 搜索关键字。在帮助模式中，输入 keywords 命令来查看所有的 Python 关键字。

```
help>keywords
```

(4) 获取特定关键字的帮助信息。如果想要获得特定关键字的详细信息，可以直接查询该关键字。例如，如果我们想了解 def 关键字的用法，可以在帮助系统的提示符后输入 def。

```
help> def
```

(5) 退出帮助系统。查看完所需信息后，输入 quit 命令退出帮助系统。

```
help> quit
```

Python 的内置帮助系统可以让我们在开发过程中快速获得所需的信息。

2.3 变量与赋值

2.3.1 变量

在计算机程序中，被存储和操作的信息通常被称作数据。这些数据根据其类型以不同的方式被处理和存储。数据类型不仅定义了数据的属性，还规定了可以对数据执行的操作。例如，Python 就内置了多种数据类型，如数值类型、字符串类型和组合数据类型(后续章节将详细介绍)。

通常，计算机程序处理的数据必须放入内存。机器语言和汇编语言直接通过内存地址访问这些数据，而高级语言则通过内存单元命名(即变量)来访问这些数据。

在 Python 中，变量是用来存储数据值的标识符，它们指向内存中保存数据的位置。也就是说，所有变量都是用来标识对象或引用对象的。变量的命名必须遵循标识符命名规则，例 2-1 中的 length、width 和 area 均为变量。

1. 创建变量

在 Python 中创建变量非常简单，无需事先声明变量的类型，只需要给变量赋值即可自动创建。例如：

```
>>> x = 5
>>>y = "Hello, World!"
>>>z = 3.14
```

这里，x 是一个整型变量，y 是一个字符串型变量，z 是一个浮点型变量。

2. 变量的特点

Python 是一种动态类型语言，不需要在声明变量时指定其数据类型。数据类型会在运行时根据赋予变量的值自动确定。这意味着变量的类型可以在运行时改变。例如，可以先将一个变量赋值为整数，然后再赋值为字符串。

```
>>>x = 4
>>>x = "Sally"
```

上述代码中，首先将 x 定义为一个整数，然后再将同一个 x 变量定义为一个字符串。Python 允许变量类型的动态更改。

上述赋值语句的执行过程是：首先在内存中寻找一个位置把等式右侧的值存储进去，然后创建变量并引用这个内存地址。也就是说，Python 变量并不直接存储值，而是存储了值的内存地址或者引用，这也是变量类型随时可以改变的原因。如果我们将一个变量赋值给另一个变量，两个变量将引用同一块内存中的数据。

需要注意的是，Python 也是一种强类型语言，虽然变量的类型可以动态改变，但在特定的操作中，Python 会根据变量的类型进行严格的类型检查。例如，不能将字符串和整数直接相加。

2.3.2　变量赋值

在 Python 中，变量的赋值操作是将一个值绑定到一个变量名上的过程。变量的赋值使用等号"="来进行。等号左边是变量名，右边是要赋给变量的值。例如，创建一个名为 a 的变量，并给它赋值 10，可以简单地写为：

```
>>>a=10
```

这行代码创建了一个整数类型(int)的变量 a，并将其值设置为 10。接下来，a 可以用在任何需要整数值的地方，并且它的值可以被修改。

在 Python 中可以使用多种不同的方法来分配和修改变量的值。下面是一些基本的变量赋值。

1. 简单赋值

简单赋值是最基础的赋值方式，即将一个值赋给一个变量。其语法格式为：

<变量>=<表达式>

【例 2-2】 简单赋值示例。

```
>>> x=10
>>> print(x)                #输出 10
>>> message="Hello,Python！"
>>> print(message)          #输出 Hello,Python！
```

在上述例子中，变量 x 被赋予了整数值 10，而变量 message 被赋予了字符串值"Hello, Python!"。

2. 链式赋值

链式赋值是一种同时将同一个值赋给多个变量的快捷方式。其语法格式为：

<变量 1，…，变量 n>=<表达式>

【例 2-3】 链式赋值示例。

```
>>> a = b = c = 100
>>> print(a,b,c)
100 100 100
```

上述代码使得 a、b、和 c 三个变量都指向同一个整数对象 100。

3. 多重赋值

多重赋值允许在一个语句中为多个变量分别赋予不同的值，这种赋值方式在 Python 中非常有用，特别是当我们需要交换两个变量的值，或者一次性初始化多个变量时。其语法格式为：

<变量 1，…，变量 n>=<表达式 1，…，表达式 n>

【例 2-4】 多重赋值示例。

```
>>> x, y = 1, 2
>>> print(x, y)             #输出 1   2
>>> x, y=y, x
>>> print(x, y)             #输出 2   1
```

上述例子中，首先 x 赋值为 1，y 赋值为 2 并输出，然后用语句"x, y = y, x"实现交换变量 x 和 y 的值。

4. 解包赋值

还有一种赋值，称为解包赋值(unpacking)，它允许从序列(如列表或元组)中提取值并直接赋给多个变量。

【例 2-5】 解包赋值示例。

```
>>>coordinates = (10, 20)
>>> x, y = coordinates
>>> print(x, y)             #输出 10   20
```

2.4 数据的输入和输出

在 Python 中，数据的输入和输出是编程基础的重要部分，它们允许程序与用户或其他数据源进行交互。以下内容将详细介绍 Python 中常见的数据输入和输出。

2.4.1 输入函数 input()

input()函数用于从标准输入(即键盘)接收用户的输入。该函数可以接收一个字符串参数，该参数是在等待输入时显示的提示信息(也称为提示符)。用户输入的内容在按下 Enter键后被读取并作为函数的返回值，以字符串的形式返回。如果需要将用户输入的内容转换为其他类型，如整数或列表，需要配合使用类型转换函数，例如 int()、float()，或者通过其他方式转换。

【例 2-6】 input()函数示例。

```
>>> user=input("请输入你的姓名：")
请输入你的姓名：Jone
>>> print("你已进入:",user)
你已进入:Jone
```

这个例子中，程序会打印出"请输入你的姓名："并等待用户输入。无论用户输入什么，input()函数都会读取输入并将其作为字符串返回给 user 变量。需要注意的是，input()函数语句只能得到字符串，如果希望得到数字，需添加 eval()函数。

在 Python 中，eval()函数可以计算字符串表达式的值并返回结果。结合使用 eval()和 input()这两个函数，可以方便地获取并计算一个表达式的值。例如：>>> user=eval(input(3+4+5))。

【例 2-7】 实现一个简单的计算器。

【参考代码】

```
#2-7.py
#获取用户输入的表达式
expr = input("请输入一个数学表达式：")


#计算并输出结果
try:
    result = eval(expr)
    print("计算结果为：",result)
except (SyntaxError, NameError, TypeError, ZeroDivisionError) as e:
    print("发生错误:",e)
```

上述代码的运行结果如下：

```
请输入一个数学表达式：2+3+4
计算结果为：9
请输入一个数学表达式：wy
发生错误：name 'wy' is not defined
```

这个例子首先提示用户输入一个数学表达式，例如"2 + 3 + 4"，然后，使用 eval()计算这个表达式的值。由于 eval()可能会抛出各种类型的异常(特别是当用户输入的不是一个有效的表达式时)，所以，此处用了 try-except 块来捕捉这些异常，并打印出错误消息。

2.4.2 输出函数 print()

在 Python 3 中，print()函数是最常用的内置函数之一，其主要用途是在控制台输出信息。该函数非常灵活，能够输出各种不同类型的数据，包括字符串、整数、浮点数、对象等。

print()函数的最基本用法是将传递给它的参数输出到标准输出(通常是屏幕)。如果传入多个参数，它们将默认以空格分隔，例如：

```
>>>print("Hello", "world!")              #输出: Hello world!
Hello world!
```

print()函数具有几个重要的可选参数，这些参数增强了其输出能力。例如，sep 参数定义用来分隔多个值的字符串，默认为一个空格。end 参数定义输出后添加的字符串，默认为换行符"\n"。例 2-8 和例 2-9 列举了这些参数的具体使用方法。

【例 2-8】 print()函数示例。

```
>>>print('Hello, world!')                #打印字符串
Hello, world!
>>>print('Hello,', 'world!', 123)        #同时打印多个对象
Hello, world! 123
>>>print('2024', '04', '19', sep='/')     #通过 sep 参数自定义分隔符为"/"
2024/04/19
```

【例 2-9】 print()中 end 参数的使用。

```
#2-9.py
print(5)                                 #输出 5 后换行
print(6)                                 #输出 6 后换行
print("结果为：",end="")                  #使用 end=""，输出字符后不换行
print(5+6)                               #在当前行继续输出 5+6 的结果
```

运行后结果如下：

```
5
6
结果为：11
```

2.5　数　　值

Python 中有多种内置的数据类型：数值类型、字符串类型和组合数据类型。字符串类型和组合数据类型将在后面章节详细介绍，本节主要介绍数值数据类型。

2.5.1　数值类型

Python 提供了几种不同的数值类型，这使得它在进行数值计算时非常灵活和强大。Python 中的数值类型主要包括整数、浮点数、复数和布尔值。

1. 整数

在 Python 中，整数类型用来表示没有小数部分的数，包括正数、负数和零，使用 int 类型来表示。Python 中的整数没有固定的大小限制，这意味着，理论上，只要计算机内存足够，就能处理任意大小的整数。

Python 不仅支持十进制数的表示方式，还支持二进制(以 0b 或 0B 开头)、八进制(以 0o 或 0O 开头)和十六进制(以 0x 或 0X 开头)的表示方式。

【例 2-10】　整数类型示例。

```
>>>num=10                      #十进制
>>>print(num)
>>>binary_num = 0b1010         #二进制，等于十进制的 10
>>> print(binary_num)
>>>octal_num = 0o12            #八进制，等于十进制的 10
>>>print(octal_num)
>>>hex_num = 0xA               #十六进制，等于十进制的 10
>>>print(hex_num)
```

2. 浮点数

浮点数是带小数的数字。Python 中的浮点数使用 float 类型来表示。在 Python 中，浮点数是使用双精度(64 位)来存储的。这意味着它可以提供大约 16 位的十进制精度。具体来说，浮点数的存储分为三个部分：符号位(用于表示正负)、指数位和尾数位(或称为小数位)。该存储方式允许 float 表示非常大和非常小的数，但这是有上下限的。当数值超过这个范围时，会使用"inf"(无穷大)或"-inf"(负无穷大)来表示。

由于浮点数是用二进制表示的，一些十进制小数无法完全精确地在二进制中表示。例如，0.1 在二进制中就是一个无限循环小数，因此它不能完全精确地表示十进制小数。这种精度的限制导致了一些非直观的结果，特别是在进行数值比较时。

【例 2-11】　浮点数类型示例。

```
>>>a = 0.1 + 0.2
>>>print(a)
```

```
0.30000000000000004
>>>print(a == 0.3)
False
```

上述例子中，由于浮点数在计算机中存储时的特殊方式，在进行计算时，存在不确定的尾数。为了解决上述问题，通常不推荐直接比较两个浮点数是否相等。一般情况下，一种更可靠的方法是检查它们的差值是否小于一个很小的数。例如：

```
>>>epsilon = 1e-10
>>>print(abs(a - 0.3) < epsilon)    #输出：True
```

3. 复数

复数是表示实数和虚数部分的数。复数在 Python 中是用 complex 类型表示的。一个复数由两部分组成：一个实部和一个虚部，通常可表示为 a + bj。

在 Python 中，复数可以直接通过将一个实数和一个虚数加在一起创建，或者使用内置的 complex(real, imag) 函数创建。

【例 2-12】 复数类型示例。

```
>>> z = 3 + 4j
>>> print(z)                #输出(3+4j)
>>> z = complex(3, 4)
>>> print(z)                #输出(3+4j)
```

一旦创建了复数，用户可以使用 .real 和 .imag 属性来访问它的实部和虚部。例如：

```
>>> z = 4 + 5j
>>> print(z.real)           #输出 4.0
>>> print(z.imag)           #输出 5.0
```

在使用复数时，要注意它们并不适用于所有的数学函数。某些 math 模块中的函数如 sqrt()可能不直接适用于复数，需要使用 cmath 模块，这个模块专门为复数设计。

4. 布尔值

Python 中的布尔(Boolean)类型是一种基础数据类型，用于表示真值或假值。布尔类型有两个值：True 和 False。需要注意的是，在 Python 中，True 和 False 是关键字，并且是整数 1 和 0 的别名，因此它们也可以参与数值运算。

【例 2-13】 布尔类型示例。

```
>>> print(True + True)      #输出：2
>>> print(True * 10)        #输出：10
>>> print(False - 5)        #输出：-5
```

2.5.2 数值类型的操作

Python 提供了丰富的内置操作来处理数值类型的数据(例如整数、浮点数、复数)。

1. 内置数值运算操作符

Python 内置了一系列数值运算符，这些运算符允许执行基本的数学运算，如加法、减法、乘法等，以及更复杂的操作，如幂运算等。表 2-2 是 Python 中常用的数值运算符的详细描述和实例。

表 2-2　内置的数值运算操作符

运算符	运算类型	实 例	结 果
+	加法	7 + 3	10
−	减法	7 − 3	4
*	乘法	7 * 3	21
/	除法	7 / 2	3.5
//	整除	7 // 2	3
%	模(余数)	7 % 3	1
**	幂(指数运算)	2 ** 3	8

请注意,"/"除法运算符总是返回一个浮点数,即使两个操作数都是整数。如果想要得到整数结果(去掉小数部分),应该使用"//"运算符。

扩展的算术运算符(也称为复合赋值运算符)提供了一种便捷的方式来修改变量的值,并且这种修改是基于原始值和某个操作的结果。这些运算符结合了基本的算术运算(如加法、减法、乘法等)和赋值操作,使得代码更加简洁、易读。扩展的算术运算符如表 2-3 所示。

表 2-3　扩展的算术运算符

运算符	运算类型	实 例	初始值	结 果
+=	加法赋值	x += 3	x=4	x 变为 7
−=	减法赋值	x −= 3	x=4	x 变为 1
*=	乘法赋值	x *= 3	x=4	x 变为 12
/=	除法赋值	x /= 2	x=4	x 变为 2.0
//=	整除赋值	x //= 3	x=5	x 变为 1
%=	模赋值	x %= 3	x=5	x 变为 2
**=	幂赋值	x **= 3	x=2	x 变为 8

【例 2-14】　数值运算操作符示例。

```
>>>print(7 + 3)        #输出: 10
>>>print(7 / 2)        #输出: 3.5
>>>x = 10
>>>x += 3              #相当于 x = x + 3
>>>print(x)            #输出: 13
>>>x *= 2              #相当于 x = x * 2
>>>print(x)            #输出: 26
```

下面我们列举一个融合了多个数值运算操作符的实际例子:计算投资的未来价值。这个例子将展示如何综合使用加法(+)、乘法(*)和幂(**)运算,实现一个简单的复利计算器。

【例 2-15】　假设投资 1000 元(P = 1000),年利率为 5%(r = 0.05),利息每年计算一次(n = 1),投资期限为 10 年(t = 10)。请计算 10 年后的投资价值。

【参考代码】

```
#2-15.py
P = 1000            #本金投资额
r = 0.05            #年利率
n = 1               #每年计息次数
t = 10              #投资期限


#计算未来价值
A = P * (1 + r / n) ** (n * t)


#输出结果
print(f"10 年后，您的投资价值将达到：{A:.2f}元")
```

运行结果为：

10 年后，您的投资价值将达到：1628.89 元

2. 内置的数值运算函数

Python 不仅提供了数值运算操作符，还内置了一些用于数学计算的函数。这些函数可以对数字进行处理，如求绝对值、四舍五入等操作。表 2-4 是 Python 中一些常用的内置数值运算函数的功能描述及示例。

表 2-4 内置的数值运算函数

函数名	函数功能描述	示　例	结果
abs()	返回数字的绝对值	abs(−4)	4
divmod()	返回由商和余数组成的元组	divmod(9, 2)	(4, 1)
pow()	求幂，pow(x, y)等效于 x**y，也可同时提供模运算，pow(x, y[z])等效于 x**y% z	pow(3, 2), pow(3, 2, 5)	9, 4
round()	四舍五入到给定的小数位数	round(3.14159, 2)	3.14
min()	返回最小值	min(1, 3, −5, 7)	−5
max()	返回最大值	max(1, 3, −5, 7)	7
sum()	对序列进行求和	sum([1, 2, 3, 4])	10

【例 2-16】 已知三次考试成绩，请计算平均成绩，要求四舍五入到小数点后一位。并求出三次考试的最高和最低成绩。

【参考代码】

```
#2-16.py
scores = [88.5, 92.3, 84.7]

#计算平均成绩并四舍五入
average_score = round(sum(scores) / len(scores), 1)
```

```
#找到最高和最低分
highest_score = max(scores)
lowest_score = min(scores)

print(f"平均成绩: {average_score}")
print(f"最高分: {highest_score}")
print(f"最低分: {lowest_score}")
```

运行结果为:

```
平均成绩: 88.5
最高分: 92.3
最低分: 84.7
```

2.5.3　math 库的使用

Python 的 math 库为数学运算提供了广泛的支持,它包含了执行基础数学运算、三角运算、对数运算、指数运算等运算的多种函数。这些函数对于科学计算、数据分析、工程设计等任务十分有用。

1. 导入 math 库

在 Python 中,我们可以通过简单的导入语句"import math"来使用 math 模块。例如:

```
>>>import math
>>>print(math.e)
2.718281828459045
```

还有一种写法是:"from math import *",或者,如果我们只需要使用特定的几个函数,也可以选择性地通过"from math import <函数名>"导入这些函数。例如:

```
>>>from math import sqrt, sin, cos
>>> print(sqrt(4))
2.0
>>> print(math.sin(20))
0.9129452507276277
```

2. math 库中主要数学函数和常量

表 2-5 和表 2-6 分别列出了 math 模块中的常量和部分重要的数值函数,以及它们的简单描述和数学形式。

表 2-5　math 库中的数学常量

常量	描　　述	数学形式
pi	圆周率 π 的近似值	π
e	自然对数的基数 e 的近似值	e
inf	表示正无穷大	∞
nan	表示非数字(Not a Number)	

表 2-6　math 库中的常用的数值函数

常　量	描　述	数学形式
ceil(x)	返回大于或等于 x 的最小整数	$\lceil x \rceil$
floor(x)	返回小于或等于 x 的最大整数	$\lfloor x \rfloor$
fabs(x)	返回 x 的绝对值	$\|x\|$
factorial(x)	返回 x 的阶乘	$x!$
fmod(x, y)	执行模运算，返回 x 除以 y 的余数	$x\%y$
exp(x)	计算 e 的 x 次幂	e^x
log(x[, base])	x 的对数。如果给定了 base，则返回以 base 为底 x 的对数	$\log_{base} x$
pow(x, y)	x 的 y 次幂	x^y
sqrt(x)	x 的平方根	$\sqrt{x}$
sin(x)	弧度 x 的正弦	$\sin(x)$
cos(x)	弧度 x 的余弦	$\cos(x)$
tan(x)	弧度 x 的正切	$\tan(x)$
asin(x)	x 的反正弦值	$\arcsin(x)$
acos(x)	x 的反余弦值	$\arccos(x)$
atan(x)	x 的反正切值	$\arctan(x)$
radians(x)	将角度 x 转换为弧度	$\pi x/180$
degrees(x)	将弧度 x 转换为角度	$180x/\pi$
hypot(x, y)	从原点(0,0)到点(x, y)的直线距离	$\sqrt{(x^2 + y^2)}$

【例 2-17】　math 库的主要函数示例。

```
>>>import math

#常量
>>>print(math.pi)              #圆周率 π，输出 3.141592653589793
>>>print(math.e)               #自然对数的基数 e，输出 2.718281828459045

#幂函数和对数函数
>>>print(math.exp(1))          #输出 2.718281828459045
>>>print(math.log(math.e))     #以 e 为底的对数，输出 1.0
>>>print(math.pow(2, 3))       #2 的 3 次幂，输出 8.0
>>>print(math.sqrt(4))         #4 的平方根，输出 2.0

#三角函数
>>>print(math.sin(math.pi / 2)) #π/2 的正弦，输出 1.0
```

```
>>>print(math.cos(0))                    #0 的余弦，输出 1.0
>>>print(math.tan(math.pi / 4))          #π/4 的正切，输出 0.9999999999999999

#角度和弧度转换
>>>print(math.radians(180))              #180 度到弧度，输出 3.141592653589793
>>>print(math.degrees(math.pi))          #弧度到度，输出 180.0

#数值运算
>>>print(math.ceil(2.1))                 #向上取整，输出 3
>>>print(math.floor(2.9))                #向下取整，输出 2
>>>print(math.fabs(-5))                  #绝对值，输出 5.0
>>>print(math.factorial(5))              #阶乘，输出 120
```

接下来，我们将使用 Python 的 math 库来解决一些典型的数学问题。

【例 2-18】　计算三角形的面积。假设有一个三角形，已知其三边长度分别为 a、b 和 c，用海伦公式来计算这个三角形的面积。

【参考代码】

```
#2-18.py
import math
a = 3                                    #三角形的边长
b = 4
c = 5
s = (a + b + c) / 2                       #计算半周长
area = math.sqrt(s * (s - a) * (s - b) * (s - c))   #使用海伦公式计算面积
print(f"The area of the triangle is {area}")        #输出结果
```

程序运行后，可得如下结果：

```
The area of the triangle is 6.0
```

【例 2-19】　编写一个 Python 程序，求解一元二次方程的实数根。

【参考代码】

```
#2-19.py
import math

#获取用户输入的系数
a = float(input("请输入二次项系数 a:"))
b = float(input("请输入一次项系数 b:"))
c = float(input("请输入常数项 c:"))

# 计算判别式
discriminant = b**2 - 4 * a * c
# 根据判别式的值求解方程
```

```
if discriminant > 0:
    root1 = (-b + math.sqrt(discriminant)) / (2 * a)
    root2 = (-b - math.sqrt(discriminant)) / (2 * a)
    print("方程有两个不同的实数根:")
    print("根 1:", root1)
    print("根 2:", root2)
elif discriminant == 0:
    root = -b / (2 * a)
    print("方程有一个实数根:", root)
else:
    print("方程没有实数根。")
```

程序运行后，可得如下结果：

```
请输入二次项系数 a: 1
请输入一次项系数 b: 3
请输入常数项 c: 2
方程有两个不同的实数根:
根 1: -1.0
根 2: -2.0
```

上述程序中，首先使用 input()函数获取用户输入的一元二次方程的系数 a、b、c。然后计算判别式，并根据判别式的情况来确定方程根。

2.6　字　符　串

2.6.1　字符串类型

Python 中的字符串(String)类型是一种用来处理文本的数据类型。在 Python 中，字符串是不可变的序列类型，这意味着一旦创建字符串，其内容就不可更改。字符串可以包含字母、数字、符号和空格，Python 使用单引号、双引号和三双引号作为定界符来表示字符串，不同的定界符之间可以相互嵌套。

【例 2-20】 字符串类型示例。

```
>>> str1 = 'Hello, world!'        #使用单引号
>>> print(str1)
Hello, world!
>>> str2 = "Hello, world!"        #使用双引号
>>> print(str2)
Hello, world!
```

```
>>> str3 = """This        #多行字符串使用三个双引号或三个单引号
is a multiline
string."""
>>> print(str3)
This
is a multiline
string.
```

2.6.2　字符串的基本操作

(1) 连接：使用"+"操作符可以连接两个或多个字符串。例如：

```
>>> greeting = "Hello, " + "world!"
>>> print(greeting)
Hello, world!
```

(2) 重复：使用"*"操作符可以重复字符串多次。例如：

```
>>>echo = "Echo! " * 3
>>>print(echo)
Echo! Echo! Echo!
```

(3) 索引：字符串索引是访问字符串中单个字符的方法。在 Python 中，字符串被视为字符序列，每个字符在序列中都有一个确定的位置，即索引。索引可以是正数，也可以是负数。使用正数索引时，计数从 0 开始；使用负数索引时，计数从 −1 开始，表示字符串的最后一个字符。

【例 2-21】　字符串索引示例。

```
>>> s = 'Hello'
>>> print(s[0])         #输出: H
>>> print(s[3])         #输出: l
>>> print(s[-1])        #输出: o
>>> print(s[-5])        #输出: H
```

(4) 切片：除了使用索引访问单个字符外，还可以通过切片操作获取子字符串，切片通过指定开始索引和结束索引的方式来实现，语法为[开始索引:结束索引]。在切片操作中，返回的子字符串包含开始索引对应的字符，但不包含结束索引对应的字符。

【例 2-22】　字符串切片示例。

```
>> s = 'Hello, world!'
>>> print(s[0:5])       #输出: Hello
>>> print(s[6:11])      #输出: world
>>> print(s[:5])        #输出: Hello
>>> print(s[6:])        #输出: world!
>>> print(s[:])         #输出: Hello, world!
```

在切片操作中，若省略开始索引，则默认从字符串开始处切片；若省略结束索引，则默认切片到字符串末尾；若同时省略开始索引和结束索引，则复制整个字符串。

2.6.3 字符串的内置方法

Python 提供了一系列内置方法来进行字符串处理和查询。下面将详细介绍一些常用的字符串内置方法，并提供具体的实例。

1. 字符串查询

字符串查询的方法用来搜索或查询字符串中特定内容存在与否，或者获取特定内容的位置信息。以下是一些常用的字符串查询方法及其具体实例。

(1) count()：用来统计字符串中某个字符或子串出现的次数，如果不存在则返回 0。例如：

```
>>>text = "banana"
>>>print(text.count('an'))              #输出 2
>>>print(text.count('my'))              #不存在，输出 0
```

(2) find()和 rfind()：find()方法用来查找子字符串首次出现的位置(从左侧开始查找)，并返回子字符串开始的索引。如果找到了子字符串，则返回第一次出现的索引；如果没有找到，则返回 −1。rfind()类似于 find()，但是它是查找子字符串最后一次出现的位置。例如：

```
>>>text = "Hello, welcome to my world."
>>>print(text.find('welcome'))          #输出 7
>>> print(text.rfind('o'))              #输出 22
>>> print(text.rfind('goodbye'))        #输出 −1
```

find()方法通常用于在处理文本数据时检测字符串是否包含某个模式或子字符串，并可以找到该模式的精确位置。rfind()方法在处理文件路径、日志文件等场景时特别有用，因为用户经常需要找到最后一个特定字符(比如目录分隔符)的位置。

(3) index()和 rindex()：index()和 rindex()方法与 find()和 rfind()非常相似，但是当指定的子字符串不在主字符串中时，index()和 rindex()会抛出一个 ValueError 异常，而不是返回 −1。例如：

```
>>> text = "Hello, welcome to my world."
>>> print(text.index('welcome'))        #输出 7
7
>>> print(text.rindex('o'))             #输出 22
22
>>> print(text.index('goodbye'))
Traceback (most recent call last):
  File "<pyshell#6>", line 1, in <module>
    print(text.index('goodbye'))
ValueError: substring not found
```

2. 字符串分割与合并

(1) spilt()和 rsplit()：split()和 rsplit()方法用于将字符串按照指定的分隔符，从原字符串的左端和右端开始进行分割，并返回一个字符串列表(列表内容后面章节将详细介绍)。例如，以下代码将字符串"hello,world"按照逗号进行分割。

```
>>> string = "hello,world"
>>> print(string.split(","))
['hello', 'world']
```

split()方法还有一个可选参数 maxsplit，用于指定分割的次数。例如，以下代码将字符串"hello|world|python"按照竖线进行分割。

```
>>> string = "hello|world|python"
>>> print(string.split("|", maxsplit=2))
['hello', 'world', 'python']
>>> print(string.rsplit("|", maxsplit=1))
['hello|world', 'python']
```

（2）partition()：partition()方法用于将字符串按照指定的分隔符进行分割，并返回一个包含分隔符的字符串列表。例如：

```
>>> string = "hello|world"
>>> print(string.partition("|"))
('hello', '|', 'world')
>>> phrase = "I could eat bananas all day"
>>> print(phrase.partition('eat '))
('I could ', 'eat ', 'bananas all day')
```

（3）join()：join()方法用于将列表中的字符串按照指定的分隔符进行连接，并返回一个新的字符串。例如，以下代码将列表["hello","world"]按照冒号进行连接。

```
>>> string_list = ["hello","world"]
>>> join_string = ":".join(string_list)
>>> print(join_string)
hello:world
```

3. 字符串转换

（1）capitalize()：将字符串中的第一个字符转换为大写。例如：

```
>>> greeting = "hello"
>>> print(greeting.capitalize())          #输出：Hello
```

（2）upper()：将字符串中所有字符转换为大写。例如：

```
>>>greeting = "hello"
>>>print(greeting.upper())                 #输出：HELLO
```

（3）lower()：将字符串中所有字符转换为小写。例如：

```
>>>greeting = "HELLO"
>>>print(greeting.lower())                 #输出：hello
```

（4）title()：将字符串中每个单词的首字母转换为大写。例如：

```
>>>greeting = "hello world"
>>>print(greeting.title())                 #输出：Hello World
```

(5) swapcase()：翻转字符串中所有字符的大小写。例如：

```
>>>greeting = "Hello World"
>>>print(greeting.swapcase())          #输出：hELLO wORLD
```

4．字符串去除

(1) strip()：用于去除字符串两侧的空格或指定的字符(包括空格、换行符、制表符等)。如果不指定参数，默认去除空格。例如：

```
>>>string = "hello world"
>>>print(string.strip())               #去除两侧空格，输出 hello world
hello world
>>>string = "abcdefabc"
>>>print(string.strip("abc"))
def
>>>text = "\n Hello World \n"
>>>stripped = text.strip("\n")
>>>print(stripped)                      #输出: 'Hello World'
Hello World
```

(2) lstrip()和 rstrip()：lstrip()用于去除字符串左端指定的字符；rstrip()用于去除字符串右端指定的字符。例如：

```
>>> string = "abcdefabc"
>>> print(string.lstrip("abc"))
defabc
>>> print(string.rstrip("abc"))
abcdef
```

5．字符串替换

replace()：用于在字符串中替换指定的子字符串。例如，以下代码将字符串 "hello world" 中的 "world" 替换为 "python"：

```
>>>string = "hello world"
>>>replace_string = string.replace("world", "python")
>>>print(replace_string)
hello python
```

6．字符串判断

在 Python 中有多个方法可以用来对字符串进行检查，或判断字符串的类型，如检查字符串是否为数字、字母、小写等。以下是一些常用的方法及其解释和例子。

(1) startswith()和 endswith()：startswith()方法用于检查字符串是否以指定的子字符串开始。endswith()方法用于检查字符串是否以指定的子字符串结尾。例如：

```
>>>string = "hello world"
>>>result = string.startswith("hello")   #检查字符串是否以"hello"开始
>>>print(result)
```

```
True
>>>string = "hello world"
>>>result = string.endswith("world")          #检查字符串是否以"world"结尾
>>>print(result)
True
```

(2) isdigit()：检查字符串是否只包含数字。例如：

```
>>>num_str = "123456"
>>>print(num_str.isdigit())                    #输出：True
True
```

(3) isalpha()：检查字符串是否只包含字母。例如：

```
>>>alpha_str = "HelloWorld"
>>>print(alpha_str.isalpha())                  #输出：True
True
```

(4) islower()：检查字符串是否包含小写字母，并且所有字母都是小写的。例如：

```
>>>lower_str = "hello world"
>>>print(lower_str.islower())                  #输出：True
True
```

(5) isupper()：检查字符串是否包含大写字母，并且所有字母都是大写的。例如：

```
>>>upper_str = "HELLO world"
>>>print(upper_str.isupper())                  #输出：False
False
```

(6) isalnum()：检查字符串是否只包含字母和数字。例如：

```
>>>alnum_str = "Hello123"
>>>print(alnum_str.isalnum())                  #输出：True
True
```

通过使用这些方法，用户可以对字符串的内容和类型进行检查，从而确定它们是否符合预期的使用要求。这些方法在处理用户输入或文本数据时特别有用，因为它们可以帮助校验和清洗数据。

7. 字符串排版

(1) center()：将字符串居中，并使用指定字符(默认为空格)填充至给定宽度。例如：

```
>>>text = "Hello"
>>>centered = text.center(20, '-')
>>>print(centered)                             #输出：'-------Hello--------'
-------Hello--------
```

(2) ljust()：返回一个左对齐的字符串，并使用指定字符(默认为空格)填充至给定宽度。例如：

```
>>>text = "Left"
>>>left_aligned = text.ljust(10, '-')
```

```
>>>print(left_aligned)          #输出: 'Left------'
Left------
```

(3) rjust()：返回一个右对齐的字符串，并使用指定字符(默认为空格)填充至给定宽度。例如：

```
>>>text = "Right"
>>>right_aligned = text.rjust(10, '-')
>>>print(right_aligned)          #输出: '-----Right'
-----Right
```

(4) zfill()：返回指定长度的字符串，原字符串右对齐，前面填充 0。例如：

```
>>>num = "50"
>>>zero_filled = num.zfill(5)
>>>print(zero_filled)          #输出: '00050'
00050
```

2.6.4　字符串的内置函数

Python 的字符串类型除了拥有许多实用的内置方法之外，还可以通过一些内置函数进行操作和处理。这些函数提供了另一种方式来处理字符串，经常用于类型转换、字符编码等任务。下面列举了一些常用的与字符串相关的内置函数并提供了示例。

(1) len()：返回字符串中的字符数。请注意，对于字符串而言，len()计算的是字符的数量。例如：

```
>>>message = "Hello, world!"
>>>print(len(message))          #输出: 12
```

如果字符串中包含多字节字符(如许多 Unicode 字符)，这些字符也会被计算为一个单元。例如：

```
>>>message = "你好，世界！"
>>>print(len(message))          #输出: 6
```

在上述代码中，尽管这个字符串包含的是中文字符，每个中文字符在某些编码下(如 UTF-8)可能占用多个字节，但 len()计数的是字符数，因此返回 6，而不是字节的数量。

(2) str()：用于将一个对象转换成字符串形式。例如：

```
>>>number = 100
>>>print(str(number))          #输出: '100'
>>>pi = 3.14159                #浮点数
>>>print(str(pi))              #输出: '3.14159'
```

str()函数非常通用，几乎任何对象都可以通过 str()转换成其字符串表示，这对于数据格式化、日志记录以及简单的文本输出特别有用。

(3) hex()和 oct()：分别用于将整数转换成其十六进制和八进制字符串表达形式，字符串以小写形式显示，且分别以 0x 和 0o 为前缀。例如：

```
>>>print(hex(255))              #输出: 0xff
```

```
>>>print(oct(8))                    # 输出: 0o10
```

注意：即使转换为不同的表示(十六进制或八进制)，其表示的数字的实际数值是不会变的。

(4) ord()和 chr()：两个互为逆操作的内置函数，用于字符与其 ASCII 码或 Unicode 码点之间的转换。例如：

```
>>>print(ord('A'))                  #返回"A"的 ASCII 码值 65 并输出
>>>print(ord('我'))                  #返回中文字符"我"的 Unicode 码点 25105 并输出
>>>print(chr(65))                   #输出: 'A'
>>>print(chr(25105))                #输出: '我'
```

ord()通常用于获取字符的数值表示，chr()则用于从数值表示回到字符表示。这两个函数在需要对字符编码进行操作时非常有用，如加密解密算法、字符数据处理等领域。通过它们，我们可以轻松地在字符及其数值表示之间进行转换，处理各种文本数据。

【例 2-23】　使用 ord()和 chr()进行简单的字符加密和解密。

【参考代码】

```
#2-23.py
#加密
char = 'A'
offset = 3
encrypted_char = chr(ord(char) + offset)
print(encrypted_char)               #输出: 'D', 'A'加上偏移量 3 得到'D'


#解密
decrypted_char = chr(ord(encrypted_char) - offset)
print(decrypted_char)               #输出: 'A', 将'D'减去偏移量 3 得到回原始字符'A'
```

运行结果如下：

```
D
A
```

请注意，计算机对于如何处理数据是相对直观的。无论是数字还是文本，它们都被转换成二进制(由 0 和 1 组成的)的形式进行存储。具体来说，文本在计算机内部也是以相同的方式存储的，即每个文本字符都对应一个数字值，整个文本字符串则以一系列数字(实际上是二进制序列)的形式在计算机内部存储。只要编码(字符到数字的映射)和解码(数字回到字符的转换)过程保持一致，具体使用哪个数字来代表特定的字符并不会影响信息的准确性。计算机系统普遍采用统一的编码标准，ASCII(美国标准信息交换代码)编码主要针对英文字符进行设计，并未涵盖其他语言的字符需求。Unicode 旨在包括全球所有书写系统的字符，提供了一种统一、可扩展的方式来表示和处理文本。Python 中的字符就使用 Unicode 编码标准。

(5) int()、float()和 bool()：类型转换函数，用于将一个数据类型的值转换为另一个数据类型的值。int()用于将一个数或字符串转换为整数；float()用于将一个字符串或数转换为浮点数；bool()用于将给定参数转换为布尔值。例如：

```
>>>print(int(3.5))        #输出: 3
>>>print(float(1))        #输出: 1.0
>>>print(bool(1))         #输出: True
>>>print(bool(0))         #输出: False
```

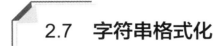

2.7　字符串格式化

在 Python 中，字符串格式化是指将特定值插入到字符串的某个预留位置的过程。随着 Python 的发展，出现了几种不同的字符串格式化方法，其中使用百分号(%)的字符串格式化方法源于 C 语言，虽然它在最新版本的 Python 中仍然被支持，但不推荐使用于新的代码中。本节主要介绍 format()格式化方法和格式化字符串字面值(f-strings)。

2.7.1　format()格式化方法

1. 基本用法

format()方法提供了一种灵活处理字符串格式化的方式。它允许插入变量的值到字符串的占位符中。在 format()方法中，大括号{}被用作占位符，用于放置变量名或者索引，指示要从 format()方法的参数中插入哪个值。它的基本用法如下：

```
'Placeholder text {} and {}'.format(value1, value2)
```

其中，"Placeholder text {} and {}" 是包含文字和占位符的字符串。大括号{}用作占位符，format()方法中的参数将替换占位符。参数的顺序默认对应各占位符的位置，可以在大括号{}中使用索引，指定要插入的参数的顺序。例如：

```
>>>print('Hello, {}. You are {} years old.'.format('Alice', 30))
Hello, Alice. You are 30 years old.
>>>print('Hello, {name}. You are {age} years old.'.format(name='Alice', age=30))
Hello, Alice. You are 30 years old.
>>>print('The {0} jumped over the {1}, {2} times!'.format('cow', 'moon', 3))
The cow jumped over the moon, 3 times!
```

2. 格式指定

format()方法通过在字符串中使用一系列的格式指定来控制值的显示方式。格式指定跟在占位符的冒号":"之后。格式指定的通用结构是：

```
[[fill][align][sign][width][grouping_option][.precision][type]
```

fill 是任意字符，用于在填充字段宽度时使用。

align 指定了字段的对齐方式。"<"表示左对齐；">"表示右对齐；"^"表示居中对齐。

sign 选项用于数字。"+"表示总是显示数字的符号；"−"表示只显示负号(默认行为)；空格" "表示正数前加空格，负数前加负号。

width 指定最小字段宽度。

.precision 对于浮点数，precision 指定小数部分的位数；对于字符串，precision 指定最大字段宽度。

grouping_option 可以是 "，"，它为数字启用千位分隔符。

type 表明值应如何被解释。常见的类型有 f 或 F(浮点数)、d(十进制整数)、b(二进制)、o(八进制)、x 或 X(十六进制) 和 s(字符串)。

【例 2-24】　format() 方法格式化示例。

```
>>>print("{:*>10}".format("test"))          #右对齐，使用*填充
******test                                   #输出: ******test
>>>print("{:*<10}".format("test"))          #左对齐，使用*填充
test******                                   #输出: test******
>>>print("{:*^10}".format("test"))          #居中，使用*填充
***test***                                   #输出: ***test***
>>>print("{:+}".format(42))                  #显示+
+42                                          #输出: +42
>>>print("{: }".format(-42))                 #正数前空格
-42                                          #输出: -42
>>>print("{:10.3f}".format(3.141592653589793)) #宽度为10，精度为3
3.142                                        #输出: 3.142
>>>print("{:,}".format(123456789))           #使用千位分隔符
123,456,789                                  #输出: 123,456,789
>>>print("{:b}".format(42))                  #二进制
101010                                       #输出: 101010
>>>print("{:x}".format(42))                  #十六进制
2a                                           #输出: 2a
>>>print("{:e}".format(123456789))           #科学计数法
1.234568e+08                                 #输出: 1.234568e+08
```

理解这些格式指定可以帮助我们在 Python 中更加精确地控制字符串的输出格式，尤其是在处理数值、财务数据或需要特定对齐和填充方式的字符串时。

2.7.2　格式化字符串字面量

Python 3.6 中引入了格式化字符串字面量(也叫做 f- 字符串)。它们允许在字符串前加上 f 或 F 前缀，并且可以包含花括号 {} 作为表达式的占位符。这些表达式在运行时会被即时计算并格式化。f- 字符串的语法简洁、易于阅读，并且性能很好，在运行时可直接被解析。

【例 2-25】　f- 字符串基本用法示例。

```
>>>name = "Alice"
>>>age = 30
>>>message=f"Hello, {name}. You are {age} years old."
>>>print(message)
```

```
Hello, Alice. You are 30 years old.
>>>print(f"Next year, you will be {age + 1}.")        #支持表达式
Next year, you will be 31.
```

在上面的例子中，f"Hello, {name}. You are {age} years old."是一个 f- 字符串。{name} 和{age}是表达式占位符，它包含了变量 name 和 age。在运行时，表达式 name 和 age 的值 会被计算，并把计算结果插入到字符串中。f- 字符串内部还支持复杂表达式，可以直接在 占位符中执行数学运算。

我们还可以使用冒号 ":" 后接格式指定符来增加对值的格式化控制。

【例 2-26】 f- 字符串格式控制示例。

```
>>>import decimal
>>>price = decimal.Decimal("1234.5678")
>>>print(f"The price is: {price:.2f}")            #输出: The price is: 1234.57
The price is: 1234.57
```

在上述例子中，":.2f"告诉 Python 将价格格式化为两位小数的浮点数。

本 章 小 结

在本章中，我们对 Python 语言的基础语法知识进行了深入的探讨，从 Python 的语法 特点入手，我们逐步介绍了变量定义、命名规则、变量赋值、数值类型和字符串类型，并 分别介绍了针对数值型数据和字符串类型数据的内置函数和方法。

课 后 思 考

1. Python 中有哪些规则是在命名变量时必须遵守的？请给出 3 个合法的变量名和 3 个 非法的变量名实例。

2. 如何在 Python 程序中导入 math 模块，并使用它来计算平方根 sqrt(16)？

3. 给定字符串 str = "Hello, Python!"，如何获取子字符串"Python"？如何获取"o, P"？

第 3 章

程序流程控制

在程序设计中，代码的顺序执行仅能处理最简单的任务。然而，现实世界的问题往往具有更为复杂的需求，要求程序能够根据不同的条件作出响应并执行相应的操作。因此，程序流程控制成为编程语言中至关重要的概念之一。通过合理的流程控制，程序可以实现条件判断、循环操作以及异常处理，从而提升代码的灵活性和适应性。本章将深入探讨 Python 中的程序流程控制结构，为读者奠定编写高效、健壮程序的基础。

3.1　条件表达式

条件表达式是程序控制的重要工具，它让程序能够根据不同的条件执行相应的代码。本节将介绍关系运算符和逻辑运算符，帮助读者理解如何通过它们构建条件表达式，从而实现更灵活的程序逻辑。

3.1.1　关系运算符

Python 语言中的关系运算符如表 3-1 所示，运算结果是 True 或 False。

表 3-1　python 语言中的关系运算符

运算	意义描述	运算	意义描述
a<b	小于	a>=b	大于等于
a<=b	小于等于	a==b	等于
a>b	大于	a!=b	不等于

关系运算符不分优先级，6 个运算符(<、<=、>、>=、== 和 !=)属于同一级。在这一点上，Python 语言与其他语言不同(其他语言一般定义 <、<=、> 和 >= 为同一级，== 和 != 为同一级)。

【例 3-1】　关系运算符使用示例。

```
>>> a, b = 30, 50
>>>0 < a < b                    #表示 a > 0 并且 a < b, 结果为 True
>>>a==b                         #表示 a 和 b 的值是否相等, 结果为 False
```

>>>a>"AB"	#数值不可与字符串比较大小，语句报错
	#not supported between instances of 'int' and 'str'
>>>"ABC">"ab"	#字符串按对应字符的 Unicode 编码比较，结果为 False
>>>"XY"<"xy"	#字符串按对应字符的 Unicode 编码比较，结果为 True

3.1.2　逻辑运算符

Python 语言支持逻辑运算符，逻辑运算符只有 3 个，它们的优先级(分 3 级)从高到低依次是：not、and、or。用逻辑运算符描述的表达式称为逻辑表达式或布尔表达式。

not a：如果 a 为 False，则返回 1；否则返回 0。

a and b：如果 a 为 False，则返回 a；否则返回 b。

a or b：如果 a 为 False，则返回 b；否则返回 a。

【例 3-2】　逻辑运算符使用示例。

>>> a, b = 30, 50	
>>> a>30 and b<100	#表示 a > 30 并且 b<100,结果为 False
>>> a>30 or b<100	#表示 a > 30 或者 b<100，结果为 True
>>> not(a>30 and b<100)	#将 a>30 并且 b<100 的结果取反，结果为 True

3.1.3　构造条件表达式

使用各种运算符可以构建不同的表达式，例如：

(1) 假设有整数 x，表示 x 为一个偶数。

```
x % 2 == 0
```

(2) 假设有整数 x，表示 x 是 3 的倍数且个位上数字为 5。

```
x % 3 == 0 and x % 10 == 5
```

(3) 假设有三条线段，长度分别为 a、b、c，表示 a、b、c 能构成一个三角形。

```
(a+b>c) and (b+c>a) and (a+c>b)
```

(4) 假设有某个年份 year，则表示 year 为闰年的条件是：如果 year 是 4 的倍数且不是 100 的倍数，或者 year 是 400 的倍数，那么 year 即为闰年。

```
(year % 4 == 0 and year % 100 != 0 ) or (year % 400 == 0)
```

这里，请注意关系运算符"=="和赋值符号"="的区别。

3.2　选　择　结　构

选择结构是指程序运行到某个节点后，会根据一次判断的结果来决定之后向哪一个分支方向执行，也称为分支结构。

假设我们正在编写一个程序，这个程序的任务是根据用户输入的天气(晴天、雨天、雪天)来给出相应的建议。如果没有选择结构，我们可能会这样写代码。

```
def advice(weather):
```

```
    print("今天是晴天，出门时请戴太阳镜。")
    print("今天是雨天，出门时请带伞。")
    print("今天是雪天，出门时请穿暖和一些。")

advice("晴天")
```

这段代码的问题在于，无论用户输入的天气是什么，它都会打印出所有的建议。这显然是不合理的，因为我们只想程序给出与用户输入的天气相对应的建议。

这就是需要选择结构的原因。有了选择结构，我们可以根据不同的条件执行不同的代码，使得程序的行为更加符合我们的预期。例如，上面的代码可以改写如下：

```
def advice(weather):
    if weather == "晴天":
    print("今天是晴天，出门时请戴太阳镜。")
    elif weather == "雨天":
    print("今天是雨天，出门时请带伞。")
    elif weather == "雪天":
    print("今天是雪天，出门时请穿暖和一些。")

advice("晴天")            #输出：今天是晴天，出门时请戴太阳镜。
```

这样，程序就只会给出与用户输入的天气相对应的建议了。这就是选择结构的必要性和重要性。

在 Python 编程中 if 语句用于控制程序的执行。实现程序分支结构的语句有：if 语句(单分支)、if…else 语句(双分支)和 if…elif…else 语句(多分支)。

3.2.1　单分支结构：if 语句

单分支结构使用 if 语句，在条件为真时执行操作，条件为假时不执行操作。

if 语句的语法格式为：

```
if <条件表达式>：
    <语句序列>
```

其中：

(1) 条件表达式可以是任意的数值、字符、关系或逻辑表达式，或用其他数据类型表示的表达式。当它表示条件时，以 True(数值为 1)表示真，False(数值为 0)表示假。

注意：条件表达式的结果一定是真或假，条件表达式后有 "："，表示执行的语句要向右边缩进。

(2) <语句序列>称为 if 语句的内嵌语句序列或子句序列，内嵌语句序列严格地以缩进方式表达，编辑器也会提示程序员开始书写内嵌语句的位置，如果不再缩进，表示内嵌语句在上一行就写完了。

if 条件语句的执行顺序是：首先计算条件表达式的值，若表达式的值为 True，则执行内嵌的语句序列，否则不做任何操作。

通过图 3-1 可以简单了解单分支结构中 if 语句的执行过程。

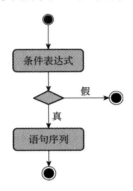

图 3-1　if 语句执行过程

【例 3-3】　单分支结构示例。

```
#3-3.py
age = 18
if age >= 18:
    print("你已经成年了！")
```

运行结果如下：

你已经成年了！

3.2.2　双分支结构：if … else 语句

双分支结构使用 if … else 语句，在条件为真时执行一个操作，在条件为假时执行另一个操作。

if … else 语句的语法格式为：

```
if <条件表达式>:
    <语句序列 1>
else:
    <语句序列 2>
```

其执行顺序是：首先计算条件表达式的值，若条件表达式的值为 True，则执行<语句序列 1>，否则执行<语句序列 2>。

if … else 语句的执行过程如图 3-2 所示。

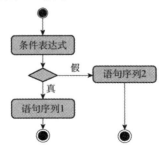

图 3-2　if … else 语句的执行过程

【例 3-4】 双分支结构示例。

```
#3-4.py
temperature = 25
if temperature > 30:
    print("天气很热！")
else:
    print("天气还好。")
```

运行结果如下：

```
天气还好。
```

3.2.3　多分支结构：if … elif … else 语句

多分支结构使用 if … elif … else 语句，根据不同的条件执行不同的操作。

当条件表达式有多个值，实际处理的问题有多种条件时，就要用到多分支结构，多分支结构语句的执行过程如图 3-3 所示。

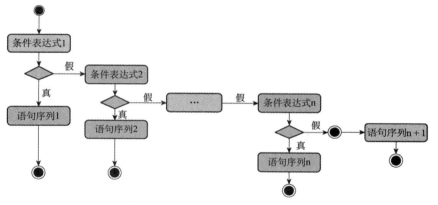

图 3-3　多分支结构语句的执行过程

if … elif … else 语句的语法格式为：

```
if<条件表达式 1>:
    <语句序列 1>
elif<条件表达式 2>:
    <语句序列 2>
...
elif<条件表达式 n>:
    <语句序列 n>
else:
    <语句序列 n+1>
```

if … elif … else 语句的执行顺序是：首先计算<条件表达式 1>的值，若其值为 True，则执行<语句序列 1>；否则，继续计算<条件表达式 2>的值，若其值为 True，则执行<语句序列 2>；依此类推，若所有条件表达式的值都为 False，则执行<语句序列 n + 1>。

注意:

(1) 不管有几个分支,程序在执行了一个分支以后,其余分支就不再执行。

(2) 当多分支中有多个条件表达式同时满足条件时,只执行第一条与之匹配的语句。

【例 3-5】 多分支结构语句示例。

```
#3-5.py
score = 85
if score >= 90:
    print("优秀!")
elif score >= 80:
    print("良好!")
else:
    print("继续努力!")
```

运行结果如下:

```
良好!
```

【例 3-6】 判定用户输入操作实例。

```
#3-6.py
num=eval(input("请输入用户权限数据:"))
if num==3:
    print("老板")
elif num==2:
    print("客户")
elif num==1:
    print("员工")
else:
    print("权限输入错误")        #条件均不成立时输出
```

执行后,根据用户输入结果显示相关信息,如果用户输入 7,则输出结果如下:

```
权限输入错误                      #输出结果
```

多分支结构也可以用多条单分支结构实现,在解决实际问题的时候可以灵活运用多种选择结构。

3.2.4 嵌套 if 语句

在上述的 if 选择结构中,语句块本身也可以是一段 if 语句,这样就形成了 if 语句的嵌套结构,可以实现更复杂的条件判断。

【例 3-7】 根据用户输入的年龄和驾驶经验,决定是否给予驾驶许可。

【分析】 在这个例子中,我们需要根据两个条件(年龄和驾驶经验)来做出决定,这就需要使用嵌套的 if 语句。

【参考代码】

```
#3-7.py
```

```
def can_drive(age, experience):
    if age >= 18:
        if experience >= 1:
            return "可以获得驾驶许可"
        else:
            return "驾驶经验不足，不能获得驾驶许可"
    else:
        return "年龄不足，不能获得驾驶许可"

print(can_drive(20, 2))        #输出：可以获得驾驶许可
print(can_drive(20, 0))        #输出：驾驶经验不足，不能获得驾驶许可
print(can_drive(16, 2))        #输出：年龄不足，不能获得驾驶许可
```

【例 3-8】　根据用户输入的时间(小时和分钟)来决定是早上、中午、下午、晚上还是深夜。

【分析】　在这个例子中，我们需要根据用户输入的时间来决定是哪个时间段。这就需要使用嵌套的 if 语句。

【参考代码】

```
#3-8.py
def time_period(hour, minute):
    if hour < 12:
        if hour < 6:
            return "深夜"
        else:
            return "早上"
    else:
        if hour < 14:
            return "中午"
        elif hour < 18:
            return "下午"
        else:
            return "晚上"

print(time_period(5, 30))        #输出：深夜
print(time_period(9, 45))        #输出：早上
print(time_period(13, 15))       #输出：中午
print(time_period(16, 50))       #输出：下午
print(time_period(20, 10))       #输出：晚上
```

在使用嵌套 if 语句时，需要注意缩进的正确性，因为在 Python 中，缩进是用来表示代码块的。另外，为了提高代码的可读性，我们应该尽量避免使用过深的嵌套。虽然嵌套 if

语句非常有用，但是过深的嵌套会使代码难以理解和维护。在这种情况下，我们可以考虑使用其他的控制流结构，如 elif 语句或者逻辑运算符(and、or)来简化代码。

3.2.5 结构化模式匹配 match case(switch case)

虽然使用嵌套的 if 语句的命令性系列指令可以被用来完成类似结构化模式匹配的效果，但它没有声明性方式那样清晰。声明性方式指定了一个匹配所要满足的条件，并且通过显式的模式使之更为易读。更强大的模式匹配例子可以在 Scala 和 Elixir 等语言中找到。这种结构化模式匹配方式是声明性的，并且会显式地为所要匹配的数据指定条件(模式)。

一直以来，Python 没有其他语言的 switch 方法来实现多条件分支，要求支持的呼声很高，Python 3.10.0 支持了它，而且是超级版的，实现的思路与它们大有不同。match 与 case 配合，由 case 从上到下将目标与语句中的每个模式进行比较，直到确认匹配，执行相应的模式下的语句。如果未确认完全匹配，则最终将通配符_(如提供)用作匹配情况。如果所有的都不匹配且没有通配符，则相当于空操作。

模式由序列、映射、基本数据类型以及类实例构成。模式匹配使得程序能够从复杂的数据类型中提取信息，根据数据结构实现分支，并基于不同的数据形式完成特定的动作。

match case 语句的语法格式如下：

```
match subject:
    case <pattern_1>:
        <action_1>
    case <pattern_2>:
        <action_2>
    case <pattern_3>:
        <action_3>
    case _:
        <action_wildcard>
```

match 语句接受一个表达式，并将其值与以一个或多个 case 语句块形式给出的一系列模式进行比较。具体来说，模式匹配的操作如下：

(1) 给定具有特定类型和结构的数据(subject)。

(2) 针对 subject 在 match 语句中求值。

(3) 从上到下对 subject 与 case 语句中的每个模式进行比较，直到确认匹配到一个模式，执行与被确认匹配的模式相关联的动作。如果没有确认到一个完全的匹配：如果提供了使用通配符_的最后一个 case 语句，则它将被用作已匹配模式；不存在使用通配符的 case 语句，则整个 match 代码块不执行任何操作。

【例 3-9】 match case 语句示例一。

```
#3-9.py
grade = 3
match grade:
    case 1:
```

```
        print('一年级')
    case 2:
        print('二年级')
    case 3:
        print('三年级')
    case _:
        print('未知年级')
```

运行结果如下：

三年级

【例 3-10】 match case 语句示例二。

```
#3-10.py
point = (60, 0)

match point:
    case (0, 0):
        print("坐标原点")
    case (0, y):
        print(f"Y={y}")
    case (x, 0) if x > 50:
        print(f"X={x}，点在 x 轴的远处")
    case (x, 0):
        print(f"X={x}")
    case (x, y):
        print(f"X={x}, Y={y}")
    case _:
        raise ValueError("非法的坐标数据")
```

运行结果如下：

X=60，点在 x 轴的远处

3.3 循环结构与迭代

3.3.1 基本循环结构

循环是编程中的一个基本概念，它允许程序执行一系列重复的操作，直到满足特定的条件或完成既定的任务。循环的重要性在于它提供了一种强大的工具，用于处理需要多次执行相同或类似操作的情况，比如遍历数据集合中的每个元素，或者重复执行某个计算直到达到预定的目标。

在编程中，循环的存在极大地提高了代码的效率和可读性。通过循环，我们可以避免编写大量重复的代码，只需创建一个简洁的代码块，由这个代码块按需重复执行。这种方法不仅减少了编程的工作量，而且减少了出错的可能性，因为我们需要维护的代码量更少，且逻辑更加集中了。

循环的另一个重要用途是在处理不确定次数的重复操作时。例如，我们可能不知道需要遍历一个列表多少次，或者需要重复询问用户输入直到他们提供有效的数据。在这些情况下，循环提供了一种自然的方式来编写能够适应不同情况的代码。

在 Python 编程语言中，有两类基本的循环结构，分别是 for 循环和 while 循环。这两种循环在处理重复任务时各有特点和用途，下面将详细介绍这两种循环的结构和用法。

3.3.2 for 循环

for 循环在 Python 中主要用于遍历序列(如列表、元组、字符串)或其他可迭代对象，它的一般语法结构如下：

```
for item in iterable:
    #循环体
    #对每个迭代的元素执行代码块
```

其中，for 和 in 都是关键字，iterable 是一个可迭代的对象，比如列表、元组、字符串或者任何可迭代的对象。item 是序列中的当前元素。在每次迭代中，item 会依次取 iterable 中的一个元素，然后执行循环体内的代码块。由于变量取到的值在每一次循环中不一定相同，因此，虽然每次循环都执行相同的循环体代码，但执行的效果却随变量取值的变化而变化。

【例 3-11】 字符串作为 iterable 示例。

在 Python 中，字符串可以被视为字符的集合，因此它是一个可迭代的对象。当使用 for 循环遍历一个字符串时，该循环会按顺序迭代字符串中的每个字符。

```
#3-11.py
for s in "hello":
    print(s)
```

运行结果如下：

```
h
e
l
l
o
```

上述示例中，for 循环遍历字符串"hello"中的每个字符，并打印出来。

【例 3-12】 列表作为 iterable 示例。

```
#3-12.py
fruits=['apple','banana','cherry']
    for fruit in fruits:
        print(fruit)
```

输出结果：

```
apple
banana
cherry
```

上述示例中，fruits 是一个列表，包含三个字符串元素。for 循环会依次将 fruits 中的每个元素赋值给变量 fruit，然后执行打印操作。这个循环会打印出列表 fruits 中的每个元素，分别是 apple、banana 和 cherry。

3.3.3　while 循环

while 循环适用于循环的初值和终值并不明确但有清晰的循环条件的情况，它会一直执行循环体内的代码，直到指定的条件不再为真。while 循环的一般语法结构如下：

```
while condition:
    #循环体
    #只有当 condition 为真时，才会执行代码块
```

这里的 condition 是一个条件表达式，它决定了循环是否继续执行。只要 condition 的值为 True，循环就会继续；当 condition 变为 False 时，循环停止。

【例 3-13】　while 语句示例。

```
#3-13.py
count=0
    while count<5:
        print(count)
        count+=1
```

输出结果：

```
0
1
2
3
4
```

上述示例中，我们使用 while 循环来打印从 0 到 4 的数字。count 变量作为计数器，初始值为 0。每次循环迭代时，先打印当前的 count 值，然后将其增加 1。当 count 的值达到 5 时，条件 count < 5 不再为真，循环结束。

下面提供一些简单的例子来展示如何在 Python 中使用 for 循环和 while 循环。

【例 3-14】　打印数字序列。

```
#3-14.py
for number in range(1,6):    # range(开始,结束)，不包括结束值
    print(number)
```

输出结果：

```
1
2
```

```
3
4
5
```

这段代码会依次打印数字 1 到 5。range(1, 6)生成了一个从 1 开始到 6 之前的数字序列。

【例 3-15】　打印字符串中的字符及其索引。

```
#3-15.py
for index,char in enumerate("hello"):
    print(f"Index:{index},Character:{char}")
```

输出结果：

```
Index:0,Character:h
Index:1,Character:e
Index:2,Character:l
Index:3,Character:l
Index:4,Character:o
```

这个循环使用 enumerate 函数来同时获取字符串"hello"中每个字符及其对应的索引。

【例 3-16】　计算某个数的倍数。

```
# 3-16.py
multiple=1
while multiple*10<=50:
    print(multiple*10)
    multiple+=1
```

输出结果：

```
10
20
30
40
50
```

这个循环会打印出 1 到 5(10 的倍数)的每个数，每次迭代后 multiple 增加 1，直到 10 的倍数超过 50。

通过这些简单的例子可以看出 for 循环和 while 循环在 Python 中的不同用途。for 循环通常用于遍历一系列的元素，而 while 循环则用于根据条件重复执行代码块。理解这两种循环的用法，可以帮助我们编写出更加高效和清晰的 Python 代码。

3.3.4　break 语句

在 Python 编程中，循环是一个常用的结构，用于重复执行一段代码直到满足特定条件。然而，在某些情况下，我们可能遇到一些只执行循环体中的部分语句就结束循环，或者立刻转去下一次循环的情况，这就是 break 和 continue 语句发挥作用的地方。

break 语句在 Python 中用于立即终止当前循环的执行。当 break 被执行时，它会跳出最内层的 for 或 while 循环，继续执行循环后面的代码。

【例 3-17】 break 语句示例一。

```
#3-17.py
for i in range(1,6):
        if i==3:
                break                      #当 i 等于 3 时，退出循环
        print(i)
print("循环结束")
```

输出结果：

```
1
2
循环结束
```

上述示例中，当 i 的值达到 3 时，break 语句会被执行，for 循环将被终止，因此只会打印出 1 和 2。

【例 3-18】 查找特定的数字。

```
# 3-18.py
numbers=[1,2,3,4,5,6]
search_for=4
for number in numbers:
    if number==search_for:
        print(f"找到了数字{search_for}!")
        break                             #找到数字后立即退出循环
print("循环结束。")
```

输出结果：

```
找到了数字 4!
循环结束。
```

上述示例中，我们使用 for 循环遍历一个数字列表，寻找特定的数字。当我们找到数字 4 时，break 语句会被执行，循环随之结束，程序输出"循环结束。"。

【例 3-19】 break 语句示例二。

```
# 3-19.py
    while True:                              #无限循环
        input_str=input("Enter something (or 'exit' to quit):")    #请求用户输入
        if input_str=='exit':
            break                            #如果输入"exit"，则退出循环
        print(f"You entered:{input_str}")    #打印用户输入的内容
```

上述示例中，这个循环会不断请求用户输入，直到用户输入"exit"。运行结果如下：

```
Enter something (or 'exit' to quit):
hello
You entered: hello
```

```
Enter something (or 'exit' to quit):
exit
```

3.3.5 continue 语句

continue 语句用于结束当前轮的循环，程序跳转到循环头部，然后根据头部的要求继续循环。它通常用于在满足特定条件时跳过一些不需要执行的代码。

【例 3-20】 continue 语句示例。

```
# 3-20.py
for i in range(1,6):
    if i==3:
        continue        #遇到数字 3 时，跳过当前迭代
    print(i)
print("循环结束。")
```

输出结果：

```
1
2
4
5
循环结束。
```

上述示例中，当迭代变量 i 的值为 3 时，continue 语句会生效，程序跳过当前迭代的 print(i)操作，立即开始下一次迭代。因此，其输出中不包含数字 3。

break 和 continue 语句都只能出现在循环体内，且只能控制包含着它们的最内层循环(循环是可以嵌套的)。通常情况下，break 和 continue 语句总是出现在条件语句中，当某种情况发生的时候控制循环的执行。两者中，break 语句的使用更广泛一些。

continue 语句和 break 语句使用场景如下：

1. break

(1) 当需要在找到某个条件或值后立即退出循环时。

(2) 当循环内的某个条件不再满足继续执行的需求时。

2. continue

(1) 当需要忽略当前迭代中的剩余代码，并立即开始下一次迭代时。

(2) 当有一个特定的条件不希望执行循环体中的某些代码时。

注意事项如下：

(1) 合理使用 break 和 continue 可以提高代码的效率和可读性。

(2) 滥用这些语句可能会导致代码逻辑混乱，因此建议只在必要时使用它们，并确保其使用有明确的意图。

3.3.6 循环的嵌套

在 Python 程序中，循环不仅可以单独使用，还可以嵌套在其他循环内部，形成多级循

环结构。嵌套循环允许创建复杂的逻辑，以处理矩阵、列表集合或执行重复任务的不同阶段。

嵌套循环的语法与普通循环类似，但嵌套循环是在另一个循环的内部开始的。

【例 3-21】 嵌套循环示例。

```
# 3-21.py
for i in range(2):
    for j in range(2):
        print(f"元素({i},{j}):{i*j}")                #打印 2×2 矩阵
print("-----")
```

输出结果：

```
元素(0,0):0
元素(0,1):0
元素(1,0):0
元素(1,1):1
-----
```

上述示例中有两个嵌套的 for 循环。外层循环控制行，内层循环控制列。这允许我们打印一个 2×2 的矩阵。

嵌套循环的关键是理解循环的层级结构。每次内层循环都会在新的一行开始，并在内层循环完成后返回到外层循环的下一次迭代。

【例 3-22】 打印 9×9 乘法表。

```
# 3-22.py
for i in range(1,10):
    for j in range(1,i+1):
        print(f"{i}×{j}={i*j}")
    print("-"*20)
```

运行结果：

```
1×1=1
--------------------
2×1=2
2×2=4
--------------------
(部分输出结果省略)
--------------------
9×1=9
9×2=18
9×3=27
9×4=36
9×5=45
9×6=54
9×7=63
```

```
9×8=72
9×9=81
--------------------
```

上述示例中，外层循环控制乘法表的行数，内层循环控制每一行中的乘法运算次数。内层循环的范围是由外层循环的当前迭代值决定的。

注意事项如下：

(1) 避免无限嵌套。确保嵌套循环有明确的退出条件，以避免创建无限循环。

(2) 保持可读性。随着嵌套层次的增加，代码的可读性可能会降低。考虑使用函数或循环控制语句来提高代码的清晰度。

(3) 性能考虑。嵌套循环可能会导致性能问题，尤其是在处理大数据集时。应确保循环逻辑尽可能高效。

在嵌套循环中，break 和 continue 语句只影响最内层的循环。如果需要从外层循环中跳出，可以使用标签(在支持的 Python 版本中)或重新组织代码结构。

3.4　random 库的使用

在 Python 编程中，经常需要生成随机数来模拟各种情况、测试算法或者进行随机化的操作。Python 的 random 库提供了一系列生成随机数的函数，包括生成随机整数、浮点数以及随机选择列表中的元素等。本小节将详细介绍 random 库中常用的函数，并通过实例展示其用法。

首先，在 Python 中，若需要使用他人预先写好的一些功能，需要导入相对应的库，这样才能够使用其中的函数。在 Python 中，导入库使用 import 关键字。此处，我们需要导入 random 库。

```
import random
```

在导入 random 库后，我们可以通过使用 random 库中已经预定义好的函数来完成一系列操作，在本小节中，我们主要介绍一些常用的函数，如生成随机整数、浮点数，随机选择列表中的元素，设置随机种子等。

若要生成一个指定范围内的随机整数，我们可以使用 random.randint() 函数。该函数接受两个参数，表示随机数的范围，包括最小值和最大值。

【例 3-23】　生成 0 到 100 之间的随机整数。

```
# 3-23.py
import random
random_number = random.randint(0, 100)
print("生成的随机整数为:", random_number)
```

运行结果：

```
生成的随机整数为: 63
```

如果需要生成一个指定范围内的随机浮点数，可以使用 random.uniform() 函数。该函数接受两个参数，表示随机数的范围，包括最小值和最大值。

【例 3-24】 生成一个 0 到 10(包括 0 和 10)之间的随机浮点数。

```
# 3-24.py
import random
random_float = random.uniform(0.0, 10.0)
print("生成的随机浮点数为:", random_float)
```

运行结果：

生成的随机浮点数为: 1.0792520236273007

在 random 库中还提供了一个 random()函数，它返回一个[0.0，1.0)范围内的随机浮点数。若你需要其他范围内的浮点数，可以通过简单的数学运算来实现。

【例 3-25】 random()函数应用示例。

```
# 3-25.py
import random
random_float = random.random() * 10
print("生成的随机浮点数为:", random_float)
```

运行结果：

生成的随机浮点数为: 8.85910886666523

有时我们需要从一个列表中随机选择一个元素，这可以使用random.choice()函数来实现。

【例 3-26】 choice()函数示例。

```
#3-26.py
import random
my_list = ['apple', 'banana', 'orange', 'grape']
random_item = random.choice(my_list)
print("随机选择的元素为:", random_item)
```

运行结果：

随机选择的元素为: orange

在 random 库中，还提供了一个 seed()函数，它可以用来设置随机数生成的种子。种子是生成随机数序列的起始值，相同的种子会产生相同的随机数序列。这在需要可重复的随机结果时非常有用。

【例 3-27】 seed()函数应用示例。

```
#3-27.py
import random
#设置随机种子为1
random.seed(1)
#此时每次运行代码输出的随机数都是相同的
print(random.randint(1, 10))
```

运行结果：

3

本小节介绍了 Python 中 random 库的基本使用方法，包括生成随机整数、随机浮点数以及随机选择列表中的元素。Python 中的 random 库提供了丰富的函数功能，通过灵活运用这些函数，可以满足各种随机数生成的需求。但在一些涉及安全相关的场景时，应谨慎使用随机数。

3.5　程序流程控制的应用实例

【例 3-28】　请编写一个程序，接受用户输入的字符串 a，并输出其逆序后的结果。例如：a=" olleh"，则输出 hello。

【分析】　我们可以使用循环结构来遍历字符串，并将字符逆序存储到另一个变量中。具体来说，我们可以从字符串的末尾开始逐个取出字符，并将其加到另一个变量中，从而实现字符的逆序输出。

【参考代码】

```
#3-28.py
#接受用户输入的字符串
a = input("请输入一个字符串：")

#初始化一个空字符串，用于存储逆序后的结果
reversed_a = ""

#从字符串的末尾开始逐个取出字符，并添加到新的字符串中
for i in range(len(a) - 1, -1, -1):
    reversed_a += a[i]

#输出逆序后的字符串
print("逆序后的字符串为：", reversed_a)
```

运行结果：

```
请输入一个字符串：olleh
逆序后的字符串为：hello
```

通过使用 for 循环和 range 函数，我们可以实现从字符串末尾开始逐个取出字符的操作。需要注意 range 函数的参数设置，起始索引为字符串长度减一，结束索引为 −1，步长为 −1，这样可以实现倒序遍历字符串的目的。在 for 循环中，我们使用加号操作符将逆序后的字符依次拼接到新的字符串中。这种方法在 Python 中是可行的，但需要注意，字符串拼接操作可能会导致性能损耗，尤其是当字符串很长时。(此处选择了使用本章所学的循环结构来实现字符串逆序输出效果，请大家结合前面章节所学习的字符串的相关操作，思考能否使用一行代码代替循环结构来实现逆序效果。)

【例 3-29】　假设有多位顾客对一个产品的星级评价记录如下：[1,5,6,4,2,3,1,2]。

(1) 请编写一个程序，打印出所有低于 4 星的评价。

(2) 请编写一个程序，在循环中跳过所有 5 星及以上的评价并打印出其余评价。

需要在一行中输出，每个输出之间使用空格分隔。

【分析】 对于问题(1)，可以使用 for 循环遍历列表中的每个评价，然后使用 if 语句检查是否小于 4 星，如果是，则打印出来。对于问题(2)，同样可以使用 for 循环遍历列表，在循环中使用 continue 语句跳过所有大于等于 5 星的评价，然后打印出其余评价。

【参考代码】

```
#3-29.py
#打印所有低于 4 星的评价
ratings = [1, 5, 6, 4, 2, 3, 1, 2]


print("低于 4 星的评价: ", end="")
for rating in ratings:
    if rating < 4:
        print(rating, end="")


#使用 continue 跳过所有 5 星及以上的评价
print("\n 跳过 5 星及以上的评价: ", end="")
for rating in ratings:
    if rating >= 5:
        continue
print(rating, end="")
```

运行结果:

```
低于 4 星的评价:  1 2 3 1 2
跳过 5 星及以上的评价:  1 4 2 3 1 2
```

当程序执行到 continue 语句时，会立即跳过本次循环中 continue 之后的代码，并开始下一次循环，这样可以在满足特定条件时跳过某些操作(在本例中即跳过所有 5 星及以上的评价)，从而达到控制循环执行的目的。此外，本题还要求在一行中输出，并且每个输出之间使用空格进行分隔，可通过设置 print 函数的 end 参数为""实现。

【例 3-30】 编写一个程序来计算自然对数 e 的近似值，要求其误差小于 10^{-10}。自然对数 e 可以通过级数展开来近似计算，常用的级数展开式为: $e^x = 1 + \dfrac{x}{1!} + \dfrac{x^2}{2!} + \dfrac{x^3}{3!} + \cdots$。

【分析】这是一个级数计算的问题，当 x = 1 时，这个级数变为: $e = 1 + \dfrac{1}{1!} + \dfrac{1}{2!} + \cdots + \dfrac{1}{n!}$，在每一个子项中仅有分母发生变化。第 n 项时，分母为 n!。要求误差小于 10^{-10}，意味着我们需要保留足够多的级数项，直到误差小于 10^{-10} 为止。

【参考代码】

```
#3-30.py
#初始化 e 的近似值
e_approx = 1.0
```

```
#初始化级数项的值
term = 1.0

#初始化级数项的指数
n = 1

#计算直到误差小于 10 的-10 次方为止
while abs(term) > 1e-10:
#计算下一个级数项
term /= n
#加上下一个级数项到 e 的近似值
e_approx += term
#更新级数项的指数
n += 1

#输出结果
print("e 的近似值为:", e_approx)
```

运行结果：

e 的近似值为: 2.71828182845823

上述例子中，通过使用 while 循环来计算 e 的近似值，直到级数项小于 10^{-10} 为止。在每次的迭代中，都对级数项 term 进行更新，并更新 n 以计算下一个级数项。在此处，我们使用了科学计数法 1e-10 的形式来表示 10^{-10}，在 Python 中常用科学计数法来表示非常大或非常小的数字，其表示方法为使用字母 e 或 E 表示乘以 10 的次幂，如 1e5 表示 1 乘以 10 的 5 次方，即 100000。请大家思考是否可以使用 for 循环实现计算 e 的近似值。

【例 3-31】 编写一个程序，接受用户输入的一个正整数，然后将该整数分解质因数，并按照升序输出。

【分析】 因为 2 是最小的质数，所以 2 可以作为我们开始尝试的可能的质因数。接下来，我们使用一个循环从 2 开始来逐个数字尝试是否是用户输入的正整数的因数，直到该数字大于用户输入的正整数为止。在每次循环中，我们检查当前的数字是否能整除用户输入的正整数，如果是，则当前的数字是用户输入的正整数的一个质因数。我们打印出这个质因数，并将用户输入的正整数更新为除去已找到的因数后的商。如果用户输入的正整数不等于 1，则表示我们还没有找到全部的质因数，那么我们输出一个乘号作为分隔，并继续尝试下一个数作为因数。这样，最终输出的结果就是将输入的整数按照质因数分解的形式进行了因数分解。

【参考代码】

```
#3-31.py
#接受用户输入的正整数
num = int(input("请输入一个正整数："))
```

```
#对输入的整数进行因数分解
print(f"{num} = ", end="")
factor = 2                        #从最小的质数 2 开始尝试作为因数
while factor <= num:
    if num % factor == 0:        #检查当前因数是否是 num 的因数
        #输出质因数
        print(factor, end="")
        num //= factor           #更新 num 为除去已找到因数后的商
        if num != 1:
            print(" * ", end="")
    else:
        factor += 1              #继续尝试下一个数作为因数
```

运行结果：

```
请输入一个正整数：78

78 = 2 * 3 * 13
```

我们使用一个 while 循环来进行因数分解的操作。循环的条件是 factor <= num，这意味着只要 factor 小于或等于 num，循环就会继续执行，在使用循环结构时，循环的终止条件是尤其需要注意的，否则可能会导致意想不到的后果。循环会不断进行迭代，直到 factor 大于 num，循环终止。最后，程序输出按照升序排列的质因数列表，完成了对输入的整数进行因数分解的操作。

【例 3-32】 编写一个程序，根据输入的 HTTP 状态码匹配对应的含义并输出。如果输入的状态码是 400，则输出"Bad request"；如果输入的状态码是 401，则输出"Unauthorized"；如果输入的状态码是 403，则输出"Forbidden"；如果输入的状态码是 404，则输出"Not found"；对于其他任何状态码，则输出"Unknown status code"。

【分析】 根据输入的 HTTP 状态码匹配对应的含义并输出相应的信息。为了实现这个目标，我们可以使用 match case 结构，它可以更清晰地进行模式匹配和条件判断。首先，我们接受用户输入的 HTTP 状态码，并将其存储在一个变量中。然后，我们使用 match case 结构来匹配该状态码。这是 Python 3.10 中新增的语法，可用于更清晰地进行模式匹配和条件判断，在此前的 Python 版本中都是使用 if…elif…else 结构来实现类似的功能。

【参考代码】

```
#3-32.py
#用户输入 HTTP 状态码
status_code = int(input("请输入 HTTP 状态码："))

#使用 match case 语句匹配状态码，并输出对应的含义
match status_code:
    case 400:
        print("Bad request")
    case 401:
```

```
        print("Unauthorized")
    case 403:
        print("Forbidden")
    case 404:
        print("Not found")
    case _:
        print("Unknown status code")
```

运行结果：

```
请输入 HTTP 状态码：  400
Bad request


请输入 HTTP 状态码：  407
Unknown status code
```

我们使用 match-case 结构对输入的状态码进行匹配，并根据匹配的结果执行相应的操作。match 关键字后面跟着需要匹配的表达式，我们使用 case 关键字列举可能的情况。在每个 case 分支中，我们指定了一个具体的状态码值，例如 case 400: 表示匹配状态码是否等于 400。如果输入的状态码匹配了某个 case 分支，就执行相应的操作，例如输出对应的含义，比如 print("Bad request")输出 "Bad request"。最后，我们使用 case _: 来匹配所有其他情况，即没有被列举的状态码。如果输入的状态码不匹配任何特定的情况，就执行这个 case 分支，并输出 "Unknown status code"。

【例 3-33】 编写一个程序，接受一组年龄数据，然后统计并输出不同年龄段的人数，分别为儿童(0～12 岁)、青少年(13～17 岁)、成年人(18～59 岁)和老年人(60 岁及以上)。要求使用 match case 语句实现。

【分析】 这个程序需要接受一组年龄数据，然后根据每个人的年龄来判断他们属于哪个年龄段。为了实现这一功能，我们可以使用 match case 语句，根据年龄的不同范围进行匹配，并统计每个年龄段的人数。

【参考代码】

```
#3-33.py
#接受年龄数据
age_input = input("请输入年龄数据，以空格分隔：")
age_list = []


#将输入的年龄数据转换为整数并添加到列表中
for age_str in age_input.split():
    age_list.append(int(age_str))


#统计不同年龄段的人数
children = 0
teenagers = 0
```

```
    adults = 0
    seniors = 0

    #判断每个年龄的段
    for age in age_list:
        match age:
            case 0 <= age <= 12:
                children += 1
            case 13 <= age <= 19:
                teenagers += 1
            case 20 <= age <= 59:
                adults += 1
            case age >= 60:
                seniors += 1

    #输出统计结果
    print("儿童人数： ", children)
    print("青少年人数： ", teenagers)
    print("成年人人数： ", adults)
    print("老年人人数： ", seniors)
```

运行结果：
```
请输入年龄数据，以空格分隔：13 22 7 24 18 30 32 47 80 19
儿童人数：  1
青少年人数：  3
成年人人数：  5
老年人人数：  1
```

通过 input()函数接收用户输入的年龄数据，允许用户在程序运行时提供一组数据。随后，利用 split()方法按空格将输入的字符串分割成多个子字符串，这样就形成了一个包含多个年龄字符串的列表。接下来，通过 for 循环逐个处理输入的年龄数据列表中的每个年龄。由于从用户输入中获得的数据通常是字符串形式的，为了便于后续的比较和计算，需要使用 int()函数将每个年龄的字符串转换为整数类型。在 match case 语句中，使用了 match 关键字对年龄进行匹配。每个 case 语句后面跟着一个条件判断，用于匹配不同的年龄段。如果某个年龄满足了该条件，则执行相应的代码块。如果没有匹配到任何条件，可以使用 _ 作为通配符来处理。

【例 3-34】　编写一个程序，用于模拟经典的"石头剪刀布"游戏。该程序需要实现以下功能：

(1) 用户输入自己的选择(石头、剪刀或布)。

(2) 程序随机生成石头、剪刀或布。

(3) 根据游戏规则判断胜负，并输出游戏结果。

游戏规则如下：

(1) 石头胜剪刀。

(2) 剪刀胜布。

(3) 布胜石头。

(4) 如果双方出拳一样，则为平局。

【分析】　这个程序用到了用户输入、随机数生成和条件判断等基本编程概念。我们需要让用户输入他们的选择，然后使用随机数生成程序的选择。接着，需要编写条件语句来比较用户和程序的选择，以确定游戏结果并将其输出给用户。

【参考代码】

```python
#3-34.py
import random

#用户输入选择
user_choice = input("请输入您的选择(石头/剪刀/布)：")

#输出用户选择
print("您的选择：", user_choice)

#程序随机生成选择
choices = ['石头', '剪刀', '布']
computer_choice = random.choice(choices)
#输出程序选择
print("程序选择：", computer_choice)
#判断游戏结果
if user_choice == computer_choice:
print("平局！")
elif (user_choice == '石头' and computer_choice == '剪刀') or \
    (user_choice == '剪刀' and computer_choice == '布') or \
    (user_choice == '布' and computer_choice == '石头'):
  print("恭喜，你赢了！")
else:
    print("很遗憾，你输了。")
```

运行结果：

```
请输入您的选择(石头/剪刀/布)：剪刀
您的选择： 剪刀
程序选择： 石头
很遗憾，你输了。


请输入您的选择(石头/剪刀/布)：石头
```

> 您的选择：石头
>
> 程序选择：石头
>
> 平局！

　　程序根据用户和电脑的选择进行游戏结果的判断。通过 if…elif…else 结构(感兴趣的读者可以尝试使用前面例题中用到的 match case 结构来实现)，程序判断用户和电脑的选择是否相同，如果相同则是平局；如果不同，则根据石头剪刀布的规则，判断用户是否赢得了比赛。根据判断结果输出对应的结果信息，比如平局、赢了或是输了。

　　Python 语言被广泛使用的原因之一就是其有丰富的库支持，我们只需通过简单的 import xx (xx 为想要使用的库名)就可以导入某个库，以便在自己的程序中使用他人早已实现的各种功能，从而极大地提高编程效率。若我们想要查看某个库中有哪些内容，可以使用 dir(xxx)来实现。此处，我们为了实现程序随机生成石头、剪刀或布，使用了 random 库，random 库中已经实现了各种分布的伪随机数生成器，例如我们可以使用 random.random()来生成一个[0,1)范围内的随机数。本例中，我们使用了 random 库中的 choice(seq)方法，其功能为从非空序列 seq 中返回一个随机元素，若 seq 为空，则会引发索引错误。有关更多 Python 库的用法，读者可以自行探索。

　　我们注意到，在 elif 语句中每一行的末尾都有一个反斜杠(\)，在 Python 中，如果程序的某一行代码太长，我们可以进行换行连接。换行连接的目的是为了提高代码的可读性和可维护性，使代码更清晰。在 Python 中提供了多种方式来进行换行连接，此例中使用的反斜杠是其中一种方式，此外，还可以通过圆括号(( ))或使用三引号"" ""来进行换行连接。

本 章 小 结

　　本章我们学习了 Python 的程序流程控制，包括条件表达式、选择结构和循环结构与迭代、如何使用 random 库和程序流程控制的综合应用实例。这些知识对于编写动态和交互式的 Python 程序至关重要。

课 后 思 考

　　1. 讨论在程序设计中，单分支结构(if)、双分支结构(if…else)和多分支结构(if…elif…else)各自适用的场景，并给出每种结构的一个简单示例。

　　2. 在设计嵌套 if 语句时，应如何考虑代码的可读性和维护性？请提供一些最佳实践，以避免过度嵌套导致的复杂性。

　　3. 描述一个具体的例子，说明在什么情况下使用 break 语句可以提前退出循环，以及何时使用 continue 语句可以跳过当前迭代。

　　4. 给出一个函数和循环结合使用的编程实例，并解释如何通过这种结合来提高代码的模块化和重用性。

第 4 章

列 表 与 元 组

在 Python 中，列表(list)和元组(tuple)是两种常用的数据结构，它们都支持索引和切片操作，但它们在操作和应用上有着不同的特性和用途。列表是动态数组的实现，使用方括号定义，允许存储不同类型的元素，并且是可变的，这意味着可以在列表创建后随意添加、删除或修改元素。由于其灵活性，列表常用于需要频繁修改数据的场景，例如存储用户输入的数据或动态生成的数据集合。元组则是一种不可变的序列，一旦创建，其内容就不能被更改。元组使用圆括号定义，可以包含不同类型的元素，但不支持添加或删除元素的操作。由于元组的不可变性，它们在需要确保数据不被修改的情况下使用。在实际应用中，选择列表还是元组取决于数据是否需要修改。如果数据集需要频繁更新，列表是更好的选择；如果数据集一旦创建就不应改变，或者需要作为字典的键，元组则是更合适的选择。本章将详细讲解 Python 中列表与元组的基本操作和常用技巧，帮助我们更好地理解和应用列表与元组。

4.1 列表与元素访问

列表(list)是一个可变序列，是由一系列元素按照特定顺序构成的有序集合。例如，可以用列表保存班上所有同学的成绩，以便后期进行排名和评奖处理；也可以用列表保存所有参会人员的信息，便于后期统一发放会议通知、安排会议座席等。

4.1.1 列表的表示

在 Python 语言中，将一组数据放在一对方括号"[]"中即定义了一个列表。其中，方括号中的每个数据称为元素，元素和元素之间用逗号隔开。元素的个数称为列表的长度。

例如，可以定义一个列表 names 用来存放 5 名同学的姓名，也可以定义一个列表 scores 存放学生的 python 课程成绩。

```
>>>names = ["张三", "李四", "王五", "丁六", "吴七"]
>>>scores = [89, 96, 84, 78, 93]
```

上述列表 names 中的元素都是字符串，scores 列表中的元素都是整数。Python 语言的列表中也可以存放不同类型的元素。下面的赋值语句就定义了一个列表 student，用来存放一位同学的学号、姓名和考试成绩。

```
>>>student = ["2401010101", "李四", 95]
```

另外，Python 语言也允许列表等组合数据类型的数据充当列表中的元素。下面的赋值语句就定义了一个列表 students，在此列表中存放了三名学生的信息(姓名与年龄)。

```
>>>students = [["张三", 18], ["李四", 19], ["丁六", 17]]
```

也可以用以下方法定义一个包含列表元素的列表。

```
>>>stu1 = ["张三", 18]
>>>stu2 = ["李四", 19]
>>>stu3 = ["丁六", 17]
>>>stu4 = ["王五", 18]
>>>stus = [stu1, stu2, stu3, stu4]
>>>stus
[["张三", 18], ["李四", 19], ["丁六", 17], ["王五", 18]]
```

4.1.2　列表的创建方式

Python 提供了多种创建列表的方式，具体如下：

(1) 使用一对方括号创建一个空的列表。

示例代码如下：

```
>>>[]
[]
```

(2) 使用方括号，用逗号分隔元素。

示例代码如下：

```
>>>["张三", "李四", "王五", "丁六", "吴七"]
["张三", "李四", "王五", "丁六", "吴七"]
```

(3) 通过 input()函数输入。

示例代码如下：

```
>>>num_list = eval(input("请输入一个数值列表："))
请输入一个数值列表：[1, 2, 3, 4, 5]
>>>print(num_list)
[1, 2, 3, 4, 5]
>>>type(num_list)
<class "list">
```

注意：input()函数得到的是一个字符串，可以通过 eval()函数将引号去掉，提取引号中的内容。

(4) 使用类型构造函数创建列表。

Python 提供了 list()函数用于创建列表，具体语法格式如下：

```
list([iterable])    #这里的方括号表示 iterable 是可选项
```

示例代码如下：

```
>>>list("abcd")
["a", "b", "c", "d"]
>>>list(range(4))
[0, 1, 2, 3]
```

(5) 使用列表推导式创建列表。

通过列表推导式可以直接创建一个列表，具体语法格式如下：

列表=[循环变量表达式 for 循环变量 in iterable]

示例代码如下：

```
>>>mylist = [x**2 for x in range(1, 5)]
>>>print(mylist)
[1, 4, 9, 16]
```

列表推导式是将 iterable 中的数据按照指定表达式运算后的结果作为元素创建的一个新列表。

在第 4 种和第 5 种创建方式中，iterable 表示可迭代的对象，这个对象可以是序列、支持迭代的容器或一个可迭代对象。

4.1.3　元素的索引和切片

列表是有序集合，因此要访问列表的任意元素，只需知道该元素的位置(索引)即可。要访问列表元素，可指出列表的名称，再指出元素的索引和切片，并将后者放在方括号内。

1. 索引

【例 4-1】　下面的代码用于从列表 names 中提取第一个姓名：

```
>>>names = ["张三", "李四", "王五", "丁六", "吴七"]
>>>print(names[0])
张三
```

从例 4-1 来看，当用户请求获取列表元素时，Python 只返回了该元素，而不包括方括号。

在 Python 中，第一个列表元素的索引为 0，而不是 1。多数编程语言是如此规定的，这与列表操作的底层实现相关。列表中的第二个元素的索引为 1。根据这种简单的计数方式，要访问列表的任何元素，都可将其位置值减 1，并将结果作为索引。例如，要访问第四个列表元素，可使用索引 3。

下面的代码用于访问索引 1 和索引 3 处的姓名：

```
>>>names = ["张三", "李四", "王五", "丁六", "吴七"]
>>>print(names[1])
李四
>>>print(names[3])
丁六
```

结果返回列表中的第二个和第四个元素。

Python 为访问最后一个列表元素提供了一种特殊语法，通过将索引指定为 -1，可让 Python 返回最后一个列表元素：

```
>>>names = ["张三", "李四", "王五", "丁六", "吴七"]
>>>print(names[-1])
吴七
```

这段代码返回姓名："吴七"。这种语法很有用，因为我们经常需要在不知道列表长度的情况下访问最后的元素。这种约定也适用于其他负数索引。例如，索引-2 返回倒数第二个列表元素，索引-3 返回倒数第三个列表元素，以此类推。

2. 切片

与字符串的切片操作类似，直接指定切片的起始索引、终止索引和步长可以从列表中提取切片。具体语法格式如下：

```
列表[起始索引:终止索引:步长]
```

和字符串切片类似，列表使用直接索引进行切片时有以下几个注意点：

- 缺省"起始索引"时，切片默认从索引 0 元素开始。
- 缺省"终止索引"时，切片默认到最后一个元素为止。
- 同时缺省"起始索引"和"终止索引"时，切片默认取整个列表。

【例 4-2】 下面的代码用于从列表 names 中提取几个人的姓名：

```
>>>names=["张三", "李四", "王五", "丁六", "吴七"]
>>>print(names[1:4])
['李四', '王五', '丁六']
>>>print(names[-3:-1])
['王五', '丁六']
>>>print(names[-1:-4])
[]
```

特别注意： 切片一定要注意起始位置到终止位置的方向与步长的方向应一致，否则返回的是一个空列表，例 4-2 中 names[-1:-4]中索引-1 位置到索引-4 位置是从右至左，而缺省步长 1 是从左至右。

列表反转功能作为一个独立的项目提出来，是因为在编程中常常会用到。通过下面代码来说明反转的方法。

```
>>>names = ["张三", "李四", "王五", "丁六", "吴七"]
>>>names[::-1]
['吴七', '丁六', '王五', '李四', '张三']
>>>names
['张三', '李四', '王五', '丁六', '吴七']
```

在上述 names 列表反转之后，再看原来的值，没有改变。这说明，这里的反转，不是在"原地"把原来的值倒过来，而是新生成了一个值，这个值跟原来的值相比，是倒过来了。

【例 4-3】 将一些朋友的姓名存储在一个列表中，并将其命名为 names。访问该列表中的第一元素和最后一个元素，并将其输出。

【参考代码】

```
#4-3.py
```

```
names=["张三","李四","王五","丁六","吴七"]
print(names[0])
print(names[-1])
```
运行结果：
```
张三
吴七
```

4.2　操作列表元素

列表中的元素都是有序存放的,因此我们可以直接通过索引来访问列表元素。而 Python 语言中的列表除了有序性,还有一个很重要的特性——可变,不仅列表中的元素值可以修改,而且列表中的元素个数也是可变的。因此,列表也支持修改、增加和删除操作。

4.2.1　元素的修改

修改列表元素的语法与访问列表元素的语法类似。要修改列表元素,可指定列表名和要修改的元素的索引,再指定该元素的新值。

例如：假设有一个学生姓名列表,其中的第一个元素为"张三",如何修改它的值呢？

```
>>>names = ["张三", "李四", "王五", "丁六", "吴七"]
>>>names[0] = "钱八"
>>>print(names)
['钱八', '李四', '王五', '丁六', '吴七']
```

以上代码中,首先定义了一个 names 列表,其中的第一个元素值为"张三",接下来将第一个元素的值修改为"钱八"。输出结果表明,第一个元素的值发生了改变,且列表中其他元素的值没变。当然我们也可以修改列表中其他元素的值。修改元素的语法格式如下：

```
列表名[索引] = 新值
```

4.2.2　元素的增加

我们可能出于众多原因要在列表中添加新元素。例如,电视剧可能增加新角色,这就需要为 names 列表增加元素。Python 语言提供了以下几种常见的方法实现增加元素的操作。

1. 在列表末尾添加元素

在列表中添加新元素时,最简单的方式是将元素追加(append)到列表中。给列表追加元素时,将它添加到列表末尾。具体语法格式如下：

```
列表名.append(新元素)
```
继续使用前一个示例中的列表 names,在其末尾添加新元素 "赵九"。
```
>>>names = ["张三", "李四", "王五", "丁六", "吴七"]
>>>names.append("赵九")
```

```
>>>print(names)
["张三", "李四", "王五", "丁六", "吴七", "赵九"]
```

方法 append() 将元素 "赵九" 追加到列表 names 末尾，而没有影响列表中的其他元素。

我们也可以使用方法 append() 动态地创建列表。例如，你可以先创建一个空列表，再使用一系列函数调用 append() 来添加元素。下面来创建一个空列表，再在其中追加元素。

```
>>>names = []
>>>names.append("张三")
>>>names.append("李四")
>>>names.append("王五")
>>>names.append("丁六")
>>>print(names)
["张三", "李四", "王五", "丁六"]
```

这种创建列表的方式很常见，因为经常要等程序运行后，我们才知道用户要在程序中存储哪些数据。为方便用户控制，可首先创建一个空列表，用于存储用户将要输入的值，然后将用户提供的每个新值追加到列表中。

2. 在列表中插入元素

使用方法 insert() 可在列表的任何位置添加新元素。为此，我们需要指定新元素的索引位置和值。具体语法格式如下：

```
列表名.insert(索引位置, 新元素)
```

我们使用 insert() 方法，在 names 列表中索引值为 1 的位置插入新元素 "孙十"。

```
>>>names = ["张三", "李四", "王五", "丁六", "吴七"]
>>>names.insert(1, "孙十")
>>>print(names)
["张三", "孙十", "李四", "王五", "丁六", "吴七"]
```

在以上代码中，方法 insert() 在索引 1 处添加空间，并将值 "孙十" 存储到该空间。这种操作将列表中原索引值为 1 后的每个元素都右移一个位置，即索引+1，列表的长度也增加了 1。

4.2.3　元素的删除

1. 使用 del 语句删除元素

del 是 Python 语言中内置命令，可以用来删除指定列表中的元素，语法格式如下：

```
del 列表名[索引]
```

我们使用 del 语句，把 names 列表中索引值为 2 的元素删除。

```
>>>names=["张三", "李四", "王五", "丁六", "吴七"]
>>>del names[2]
>>>print(names)
["张三","李四","丁六","吴七"]
```

使用 del 语句可删除任意位置处的列表元素，条件是已知其索引。

2. 使用 pop()方法删除元素

pop()方法通过指定索引从列表中删除对应的元素，并返回该元素。使用格式如下：

```
列表名.pop(索引)
```

当缺省指定索引时，将默认删除列表最末尾的元素。下面的代码示例是从列表 names 中删除最后一个元素。

```
>>>names = ["张三", "李四", "王五", "丁六", "吴七"]
>>>names.pop()
"吴七"
>>>print(names)
["张三", "李四", "王五", "丁六"]
>>>name1=names.pop()
>>>print(names)
["张三", "李四", "王五"]
>>>print(name1)
"丁六"
```

对比 del 命令的执行结果，pop()方法不仅从列表中删除了指定的元素"吴七"，同时还返回了该元素，可以利用这种特性用变量来获取被删除的元素，以备后续使用，如上述代码中的 name1=names.pop()。

我们可以使用 pop()来删除列表中任意位置的元素，只须在圆括号中指定要删除元素的索引即可。

```
>>>names = ["张三", "李四", "王五", "丁六", "吴七"]
>>>names.pop(-2)
"丁六"
>>>print(names)
["张三", "李四", "王五", "吴七"]
```

如果我们不确定该使用 del 语句还是 pop()方法，下面是一个简单的判断标准：如果要从列表中删除一个元素且不再以任何方式使用它，就使用 del 语句；如果要在删除元素后还能继续使用它，就使用 pop()方法。

3. 根据值删除元素

有时候，我们不知道要从列表中删除的值所处的位置，只知道要删除的元素的值，可使用方法 remove ()，具体语法格式如下：

```
列表名.remove(元素值)
```

例如，假设要从列表 names 中删除值"丁六"。

```
>>>names = ["张三", "李四", "王五", "丁六", "吴七"]
>>>names.remove("丁六")
>>>print(names)
["张三", "李四", "王五", "吴七"]
```

使用 remove()方法删除元素直截了当、简单明了，但是值和索引不同。列表中的元素是允许出现相同取值的，那么对于这种情况，remove()方法处理如下：

```
>>>names = ["张三", "李四", "王五", "丁六", "吴七", "丁六"]
>>>names.remove("丁六")
>>>print(names)
["张三", "李四", "王五", "吴七", "丁六"]
```

从以上代码可见，方法 remove()只删除第一个指定的值的元素。如果要删除的值在列表中出现多次，就需要使用循环来确保将每个值都删除。

【例 4-4】 将一些朋友的姓名存储在一个列表中，并将其命名为 names。删除所有元素值为"丁六"的元素，最终输出 names 列表。

【参考代码】

```
#4-4.py
names = ["张三", "李四", "王五", "丁六", "吴七", "丁六"]
while "丁六" in names:
    #判断"丁六"是否在列表 names 中，如在返回为 True
    names.remove("丁六")
print(names)
```

运行结果：

```
["张三", "李四", "王五", "吴七"]
```

4.2.4 列表的其他常用操作

一番添加、删除、修改操作后，我们想统计一下当前人数，确认一下某几个人是否已在列表中，或者看看有没有一时疏忽出现了重复的姓名等。这些操作都可以用专门的函数来实现。

1. len()函数

使用 len()函数可快速得到列表的长度，即列表中元素的个数。语法格式如下：

```
len(列表)
```

在下面的示例中，列表包含五个元素，因此其长度为 5：

```
>>>names = ["张三", "李四", "王五", "丁六", "吴七"]
>>>len(names)
5
```

2. +

+，用于连接两个序列，语法格式如下：

```
列表 1 + 列表 2
```

在下面示例中，将两个列表连接在一起，形成一个新列表如下：

```
>>>name1 = ["张三", "李四"]
>>>name2 = ["王五", "丁六", "吴七"]
>>>name = name1 + name2        #name1 与 name2 的值不会发生变化
>>>print(name)
```

["张三","李四","王五","丁六","吴七"]

3. *

*，重复序列，语法格式如下：

列表*n   或   n*列表

在下面示例中，将列表 names 重复 3 次，形成一个新列表如下：

>>>names = ["张三","李四"]

>>>names*3   #names 的值不会发生变化

["张三","李四","张三","李四","张三","李四"]

4. 运算符 in 和 not in

in 和 not in 被称为成员运算符，用来判断指定的元素是否在列表中。用 in 运算符时，如果元素在列表中则返回 True，否则返回 False；用 not in 运算符时，情况则与 in 运算符相反。二者的语法格式如下：

元素 in 列表

元素 not in 列表

在下面示例中，判断"孙十"是不是在列表 names 中：

>>>names = ["张三","李四","王五","丁六","吴七"]

>>>"孙十" in names

False

>>>"孙十" not in names

True

5. index()方法

index()方法用来在列表中查找指定的元素，如果存在则返回指定元素在列表中的索引；如果存在多个指定元素，则返回最小的索引值；如果不存在，则直接报错。具体语法格式如下：

列表.index (元素)

以下为对 names 列表进行 index()操作的示例：

>>>names = ["张三","李四","王五","丁六","吴七","丁六"]

>>>names.index("丁六")

3

>>>names.index("孙十")   #系统报错

Traceback (most recent call last):

   File "<pyshell#21>", line 1, in <module>

     names.index("孙十")

ValueError: '孙十' is not in list

上面的代码中，在 names 列表中有两个元素都是"丁六"，使用 index()方法查找后，返回了第一个"丁六"的索引。而用 index()方法查找列表中不存在的元素"孙十"时，系统报错。

6. count()方法

count()方法用来统计并返回列表中指定元素的个数。具体语法格式如下：

列表.count (元素)

以下对 names 列表 count()操作示例：

```
>>>names = ["张三", "李四", "王五", "丁六", "吴七", "丁六"]
>>>names.count("丁六")
2
>>>names.count("孙十")
0
```

从以上代码执行的结果能看出，当使用 count()方法统计列表中没有的元素时，系统返回的是 0。

7. 数值列表的简单计算

Python 语言针对数值列表提供了几个内置的函数，通过这些函数可以进行简单的数学统计计算。如：求最小值的 min()函数，求最大值的 max()函数，求和的 sum()函数。

【例 4-5】 从键盘输入 8 个同学的成绩，统计并输出其中的最高分、最低分和平均分。

【参考代码】

```
#4-5.py
scores = eval(input("请输入 8 个同学的成绩列表：\n"))
max_scores = max(scores)
min_scores = min(scores)
avg_scores = sum(scores) / len(scores)
print(f"本次考试成绩的最高分为{max_scores}，最低分为{min_scores}，平均分为{avg_scores:.2f}")
```

运行结果：

```
请输入 8 个同学的成绩列表：
[67, 87, 89, 95, 86, 76, 94, 85]
本次考试成绩的最高分为 95，最低分为 67，平均分为 84.88
```

4.3 操 作 列 表

我们刚学习了如何创建简单的列表，还学习了列表元素的基本操作。下面将学习如何遍历整个列表，这只需要几行代码。无论列表有多长，循环让我们能够对列表的每个元素都采取一个或一系列相同的措施，从而高效地处理任何长度的列表，包括数千、数万乃至数百万个元素的列表。

4.3.1 列表的遍历

我们经常需要遍历列表的所有元素，对每个元素执行相同的操作。例如，在游戏中，可能需要将每个界面的元素平移相同的距离；对于包含数字的列表，可能需要对每个元素执行相同的统计运算；在网站中，可能需要显示文章列表中的每个标题。在对列表中的每个元素都执行相同的操作时，可使用 Python 中的 for 循环。

通过遍历 names 列表，访问每个人的姓名，生成统一格式的通知，最直接的实现办法如下：

```
>>>names = ["张三", "李四", "王五", "丁六", "吴七"]
>>>print(f"尊敬的{names[0]}，请您明天来参加大会")
尊敬的张三，请您明天来参加大会
>>>print(f"尊敬的{names[1]}，请您明天来参加大会")
尊敬的李四，请您明天来参加大会
>>>print(f"尊敬的{names[2]}，请您明天来参加大会")
尊敬的王五，请您明天来参加大会
>>>print(f"尊敬的{names[3]}，请您明天来参加大会")
尊敬的丁六，请您明天来参加大会
>>>print(f"尊敬的{names[4]}，请您明天来参加大会")
尊敬的吴七，请您明天来参加大会
```

上面的代码很直观，但重复内容太多，每一条语句只是引用的元素不同。那可不可以简化代码呢？

1. 使用 range()函数

Python 中的 range()函数让计算机能够轻松地生成一系列数。例如，可以像下面这样使用函数 range()来打印一系列数。

```
for i in range(5):
    print(i)
输出结果是：
0
1
2
3
4
```

在以上代码中，range(5)只打印数 0～4。函数 range()让 Python 从 0 开始数，并在到达指定的值处停止，所以输出不包含该值(这里为 5)。

要想输出 1～5。需要使用 range(1,6)。

```
for i in range(1,6):
    print(i)
#大家可以上机运行一下上面的程序
```

通过学习 range()，我们可以通过以下方法简化对列表的遍历。

```
names = ["张三", "李四", "王五", "丁六", "吴七"]
for i in range(len(names)):
    print(f"尊敬的{names[i]}，请您明天来参加大会")
```

以上代码输出结果为：

```
尊敬的张三，请您明天来参加大会
```

尊敬的李四，请您明天来参加大会

尊敬的王五，请您明天来参加大会

尊敬的丁六，请您明天来参加大会

尊敬的吴七，请您明天来参加大会

for 循环的使用大大减少了代码及其重复量，同时配合使用 range(5)函数，循环变量 i 依次取值为 0、1、2、3、4，分别进入循环体执行一次 print()操作，完成了输出任务，实现了列表元素的遍历。

2. 直接元素遍历

除了借助索引变化遍历列表之外，和依次访问字符串中的字符相似，Python 语言也可以使用如下格式直接依次访问列表中的每个元素。

for 循环变量 in 列表：

使用以上方法，生成统一格式的通知输出。

```
names = ["张三", "李四", "王五", "丁六", "吴七"]
for str_name in names:
    print(f"尊敬的{str_name}，请您明天来参加大会")
```

以上代码与使用 range()函数得到了相同的结果。

相比较而言，直接的元素遍历在使用上会更直现一些。但是当需要访问列表中的部分元素时，range()函数可以通过参数的变化，提供更为灵活的操作。

4.3.2 列表的排序

在我们创建的列表中，元素的排列顺序常常是无法预测的，因为我们无法控制用户提供数据的顺序。虽然在大多数情况下这是不可避免的，但我们经常需要以特定的顺序呈现信息。有时候我们希望保留列表元素最初的排列顺序，而有时候又需要调整排列顺序。Python 提供了很多组织列表的方式，可根据具体情况选用。

1. 使用方法 sort()对列表永久排序

sort()方法中最简单的语法格式如下：

列表.sort()

Python 中的 sort()方法让我们能够较为轻松地对列表进行排序。假设有一个 cars 列表，要让其中的汽车按字母顺序排列。为简化这项任务，假设该列表中的所有值都是小写的。

```
>>>cars = ['bmw', 'audi', 'toyota', 'subaru']
>>>cars.sort()
>>>print(cars)
['audi', 'bmw', 'subaru', 'toyota']
```

方法 sort()永久性地修改列表元素的排列顺序。现在，cars 列表是按字母顺序排列的，再也无法恢复到原来的排列顺序。

我们还可以按与字母顺序相反的顺序排列列表元素，只需向 sort()方法传递参数 reverse=True 即可。下面的代码将 cars 列表按与字母顺序相反的顺序排列。

```
>>>cars=['bmw', 'audi', 'toyota', 'subaru']
```

```
>>>cars.sort(reverse=True)
>>>print(cars)
['toyota', 'subaru', 'bmw', 'audi']
```

同样，该操作对列表元素排列顺序的修改是永久性的。

2. 使用函数 sorted() 对列表临时排序

如果要保留列表元素原来的排列顺序，同时以特定的顺序呈现它们，可使用函数 sorted()。函数 sorted() 让程序能够按特定顺序显示列表元素，同时不影响其在列表中的原始排列顺序。

sorted() 对指定列表进行排序的最简单的语法格式如下：

```
sorted(列表)
```

下面我们来对 cars 列表进行临时排序：

```
>>>cars=['bmw', 'audi', 'toyota', 'subaru']
>>>sorted(cars)
['audi', 'bmw', 'subaru', 'toyota']
>>>sorted(cars,reverse=True)    #按字母顺序相反的顺序排列
['toyota', 'subaru', 'bmw', 'audi']
>>>print(cars)
['bmw', 'audi', 'toyota', 'subaru']
```

如果想保留 sorted() 函数的排序结果，可以定义一个新变量来保存。

注意：sort() 方法和 sorted() 函数都是用来对列表进行排序的，但它们使用的格式有所不同。最值得注意的是，sort() 方法是"原地排序"，排序结果会直接改变列表本身，而 sorted() 函数为"非原地排序"，仅返回排序结果，不影响原列表。

3. 使用方法 reverse() 对列表倒序输出

要反转列表元素的排列顺序，可使用方法 reverse()。reverse() 方法的语法格式如下：

```
列表.reverse()
```

下面的代码是对 cars 列表进行反转输出：

```
>>>cars=['bmw', 'audi', 'toyota', 'subaru']
>>>cars.reverse()
>>>print(cars)
['subaru', 'toyota', 'audi', 'bmw']
```

注意：reverse() 不是按与字母顺序相反的顺序排列列表元素，而只是反转列表元素的排列顺序。

方法 reverse() 永久性地修改列表元素的排列顺序，但可随时恢复到原来的排列顺序，只需对列表再次调用 reverse() 即可。

4.3.3 列表的扩充

4.2 节中的 append()、insert() 方法都是给列表添加元素，而 +、* 运算符是对列表的连接与复制，并不对原列表进行修改，有没有方法将列表内容添加到另一个列表的后面呢？

使用 extend() 方法可完成该操作，具体语法格式如下：

列表.extend(新列表)

下面的代码就是对 name1 列表的扩充：

```
>>>name1 = ["张三", "李四"]
>>>name2 = ["王五", "丁六", "吴七"]
>>>name1.extend(name2)
>>>print(name1)
["张三", "李四", "王五", "丁六", "吴七"]
>>>print(name2)
["王五", "丁六", "吴七"]
```

从以上代码的运行结果来看，name2 列表中的元素全部追加到了 name1 列表的尾部。

再看看下面代码，比较一下区别。

```
>>>name1 = ["张三", "李四"]
>>>name2 = ["王五", "丁六", "吴七"]
>>>name1.append(name2)
>>>print(name1)
['张三', '李四', ['王五', '丁六', '吴七']]
```

从以上代码的运行结果来看，append()方法是将参数 name2 列表作为一个元素追加到 name1 列表中。

4.3.4　列表的复制

我们经常需要根据既有列表创建全新的列表。

先看一段代码如例 4-6 所示。

【例 4-6】

```
#4-6.py
mylist=[1,2,[10,20,30],(100,200,300)]
mylist1=mylist              #赋值，其实就是对这个列表另定义一个别名
mylist2=mylist.copy()       #copy()方法
mylist3=mylist[:]           #切片

mylist.append(1000)
mylist[2].append(10000)

#对比一下浅拷贝、赋值前后列表之间的区别
print("mylist=",mylist)
print("mylist1=",mylist1)
print("mylist2=",mylist2)
print("mylist3=",mylist3)
```

运行结果：

```
mylist= [1, 2, [10, 20, 30, 10000], (100, 200, 300), 1000]
```

mylist1= [1, 2, [10, 20, 30, 10000], (100, 200, 300), 1000]

mylist2= [1, 2, [10, 20, 30, 10000], (100, 200, 300)]

mylist3= [1, 2, [10, 20, 30, 10000], (100, 200, 300)]

1. 列表之间的赋值

从例 4-6 来看，mylist 列表直接赋值给了新列表 mylist1。运行结果显示，赋值之后，mylist 与 mylist1 中的元素完全一致。

>>>print(id(mylist))

3183227592512

>>>print(id(mylist1))

3183227592512

实际上，mylist 与 mylist1 中存放了同一个列表的地址，即该地址指向同一个列表。赋值语句实际没有产生新列表，只是给列表取了一个别名。

2. copy()方法

从例 4-6 来看，copy()方法执行后，对 mylist 进行修改，mylist2 与 mylist 的结果不完全一致。

为什么会这样？原因是列表中存储的，实际上是这些元素的地址，copy()只是对列表中存储的地址复制了一份。

修改可变数据类型内的数据，并没有修改此元素的地址。具体过程如图 4-1 所示。

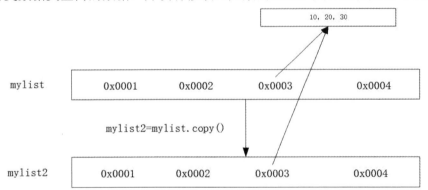

说明：
1. 假设0x0001中存放的是1，0x0002中存放的是2，0x0003中存放的是[10,20,30]，0x0004中存放的是(100,200,300)
2. 在mylist中追加元素1000，相当于将1000的地址追加到mylist中
3. 修改mylist[2]中的列表元素值，但它的地址不会发生改变，也就是mylist[2]与mylist2[2]指向了同一列表

图 4-1　 使用 copy()方法进行列表复制过程示意图

3. 利用切片实现

从例 4-6 来看，要复制列表，可创建一个包含整个列表的切片，方法是同时省略起始索引和终止索引([:])。这让 Python 创建一个始于第一个元素、终止于最后一个元素的切片，即整个列表的备份，该功能与 copy()的功能一致。

综合以上三种方法来看，直接赋值只是两个列表名共享一个列表，如果需要复制一个新的列表，建议采用切片或者 copy()方法完成。

4.3.5 列表的删除

在前面的 4.2.3 节中提到过 del 命令，这个命令可以删除指定列表的元素，与列表切片配合，del 也可以删除多个元素，甚至所有元素。

```
>>>names = ["张三", "李四", "王五", "丁六", "吴七"]
>>>del names[2:4]
>>>print(names)
['张三', '李四', '吴七']
>>>del names[:]
>>>print(names)
[]
```

以上代码删除了列表中的所有元素，但空列表还在。删除列表具体语法格式如下：

```
del  列表名
```

示例如下：

```
>>>names=["张三","李四","王五","丁六","吴七"]
>>>del names
>>>names
Traceback (most recent call last):
    File "<pyshell#45>", line 1, in <module>
        names
NameError: name 'names' is not defined. Did you mean: 'name1'?
```

从以上代码运行的结果来看，执行 del names 后，names 列表在系统中就不存在了。

4.4 列表和字符串

list 和 str 两种类型数据有不少相似的地方，也有很大的区别。我们在此对两者做个简单的比较。

1. 相同点

list 和 str 都属于序列类型的数据。所谓序列类型的数据，就是说它的每一个元素都可以通过指定一个编号，即"偏移量"的方式得到，而要想一次得到多个元素，可以使用切片。偏移量从 0 开始，到总元素数减 1 结束。

列表和字符串都有 + 连接运算符，*复制运算符，len()测试长度函数等基本操作。

2. 不同点

list 和 str 的最大区别是：list 是可以改变的，str 是不可变的。

对于 list, 我们可以对其中的元素进行增加、删除、修改等操作, 而对于 str, 只能对其进行读取、查询与统计等操作。另外, str 中的每个元素只能是字符, 而 list 中的元素可以是任何类型的数据。

3. 相互转化

str.split(): 这个内置函数实现的是将 str 转化为 list。具体示例操作如下:

```
>>>str1 = "张三,李四,王五,丁六,吴七"
>>>str1.split(",")        #以逗号作为分隔符
["张三", "李四", "王五", "丁六", "吴七"]
```

"[sep]".join(list): join 可以说是 split 的逆运算, 将 list 转化为 str。具体示例操作如下:

```
>>>names = ["张三", "李四", "王五", "丁六", "吴七"]
>>>str1 = "*".join(names)
>>>print(str1)
"张三*李四*王五*丁六*吴七"
```

4.5 元　　组

列表非常适合存储在程序运行期间可能变化的数据集。列表是可以修改的, 这对处理网站的用户列表或游戏中的角色列表至关重要。然而, 有时候我们需要创建一系列不可修改的元素, 元组可以满足这种需求。Python 将不能修改的值称为不可变的, 而不可变的列表被称为元组。

Python 语言中的元组与列表类似。两者的不同之处主要有两点。

(1) 元组使用圆括号(), 列表使用方括号[]。

(2) 元组的元素不能修改。

因为元组中的元素不能修改, 所以列表中所有修改元素的操作均不适合元组, 除此以外元组的操作和列表基本一致。

4.5.1　元组的创建方式

创建元组的语法比较简单, 具体如下:

1. 使用一对圆括号创建一个空元组

与列表不同的是, 元组是使用圆括号来包含元素的。创建一个空的元组的方式如下所示。

```
>>>ages = ()          #这是一个空的元组
```

2. 创建包含一个元素的元组

在单个元素后跟逗号表示单个元素的元组, 下面两行代码创建的都是只包含一个元素的元组。

```
>>>ages = (10, )        #这是单个元素的元组
>>>ages = 10,           #这是单个元素的元组
```

3. 创建包含多个元素的元组

如果元组包含多个元素，元素之间需要使用逗号分隔，示例如下：

```
>>>ages = (10, 20, 30)        #这是一个元组，包含 3 个元素
>>>ages = 10, 20, 30          #这是一个元组，包含 3 个元素
```

4. 使用类型构造函数创建元组

可以使用 tuple()或者 tuple(iterable)构造元组，其中，参数 iterable 是一个迭代类型，如果使用 tuple()函数创建元组的时候，不传入参数，那么创建的元组是一个空元组。示例如下：

```
#使用 tuple(iterable)函数创建元组 tuple_str
>>> tuple_str = tuple('abc')
>>> tuple_str
('a','b','c')
#使用 tuple(iterable)函数创建元组 tuple_list
>>> tuple_list = tuple([1,2,3])
>>> tuple_list
(1,2,3)
#使用 tuple()函数创建元组 tuple_null
>>> tuple_null = tuple()
>>> tuple_null
()
```

4.5.2　操作元组

在前面的小节中，我们已经介绍了列表操作，部分操作同时也适用于元组。为了避免太多重复的信息，在这里不对元组的每个操作进行讲解，只简单展示元组的不可变性和其独特的特性。

1. 不允许更新元组的元素

由于元组的不可变性，元组是不允许被修改的，否则会报错。

```
>>> number =(1,2,3,4,5)
>>> number[2]= 10
Traceback(most recent call last):
File "<stdin>",line 1,in <module>
TypeError:'tuple'object does not support item assignment
```

2. 不允许删除元组元素

由于元组的不可变性，删除元组的某个元素是不可能的。当然，我们可以通过重组元组的方式去除要丢弃的元组元素。

如果希望删除整个元组，可以使用 del 语句来实现。

```
>>>demo_tuple =tuple('abc')
>>>del demo_tuple
```

```
>>>demo_tuple
Traceback(most recent call last):
File "<stdin>",line 1,in <module>
NameError:name 'demo_tuple' is not defined
```

在上述代码中，"del demo_tuple"用于删除一个元组。删除成功后，元组本身整个都不存在了，此时如果再访问，会提示访问的元组未定义。

元组是特殊的列表，在列表操作中，有下列操作可以在元组中使用：读取元素、del 元组、len()函数、in 运算、not in 运算、index()方法、count()方法、遍历元素、sorted()函数、切片操作、+运算、*运算、赋值运算、max()、min()、sum()等。

3. 有时候元组也"可变"

前面我们一直强调元组是一种不可变的序列，但是，在特定的情形下，元组也是可变的。

```
>>>tuple_char=('a','b',['x','y'])
>>>tuple_char[2][0]='c'
>>>tuple_char[2][1]='d'
>>>tuple_char
('a','b',['c','d'])
```

上述元组 tuple_char 在定义的时候有 3 个元素，分别是 'a'、'b' 和一个['x','y']。后来，通过索引修改元组的元素后，元组的元素内容发生了变化。

表面上看，元组的元素确实变了，但其实变的不是元组的元素，而是列表的元素。元组一开始指向的列表并没有改成别的列表，所以，元组所谓的"不变"实际指的是，元组的每个元素的指向永远不变。

4.5.3   元组的使用场景

tuple 用在哪里？在很多时候，的确是用 list 就可以了。但是，用计算机语言解决的问题不都是简单问题，就如同我们的自然语言一样，虽然有的词汇看似可有可无，用别的也能替换，但是我们依然需要在某些情况下使用它们。

一般认为，tuple 有如下特点，并且也是它应用的场景。

(1) tuple 比 list 操作速度快。如果定义了一个值的常量集，并且唯一要用它做的是不断地遍历它，那么可以使用 tuple 代替 list。

(2) 如果对不需要修改的数据进行"写保护"，可以使代码更安全。使用 tuple 而不是 list 如同拥有一个隐含的 assert 语句，说明这一数据是常量。如果必须要改变这些值，则需要执行 tuple 到 list 的转换(需要使用一个特殊的函数)。

(3) tuple 可以在 dictionary(字典，后面要讲述)中被用做 key，但是 list 不行。dictionary 中的 key 必须是不可变的。tuple 本身是不可改变的，但是如果我们有一个 list 的 tuple，那就认为是可变的了，这时，用作 dictionary 中的 key 就是不安全的。只有字符串、整数或其他对 dictionary 安全的 tuple 才可以用作 dictionary 中的 key。

(4) tuple 可以用在字符串格式化中，还可用在函数一次性返回多个值时。

4.6 转 换 函 数

在前面的章节中我们学过一种数据类型叫作字符串，字符串也属于一种序列类型，只不过它被专门用于文本操作。

在 Python 中，针对列表、元组和字符串提供了三个内建函数，分别是 str()、list()和tuple()，它们之间的相互转换就使用这三个函数，具体示例如下：

```
>>>word ='abcdef'
>>>list(word)              #将字符串转为列表
['a','b','c','d','e','f']
>>>tuple(word)             #将字符串转为元组
('a','b','c','d','e','f')
>>>tuple(list(word))       #将列表转换元组
('a','b','c','d','e','f')
>>>list(tuple(word))       #将元组转为列表
['a','b','c','d','e','f']
```

列表和元组转换为字符串则必须依靠 join 函数，示例如下：

```
>>>''.join(tuple(word))    #将元组转为字符串
'abcdef'
>>>''.join(list(word))     #将列表转为字符串
'abcdef'
```

4.7 列表与元组的应用实例

列表作为 Python 语言中一种重要的数据类型，很多场合都会用到。本节将给出几个应用实例，帮助我们进一步理解和熟悉列表的应用。

【例 4-7】 数字列表求和。

【描述】 给定一个数字列表，计算所有数字的总和。

【参考代码】

```
#4-7.py
numbers = [1, 2, 3, 4, 5]
total = 0
for number in numbers:
    total += number
print(f"数字总和为：{total}")
```

运行结果如下：

数字总和为：15

【例 4-8】 列表中奇数和偶数的分离。

【描述】 将列表中的奇数和偶数分别存储在两个不同的列表中。

【参考代码】

```
#4-8.py
numbers = [1, 2, 3, 4, 5, 6]
odds = []
evens = []
for number in numbers:
    if number % 2 == 0:
        evens.append(number)
    else:
        odds.append(number)
print(f"奇数列表：{odds}, 偶数列表：{evens}")
```

运行结果如下：

奇数列表：[1, 3, 5], 偶数列表：[2, 4, 6]

【例 4-9】 列表中素数的筛选。

【描述】 找出列表中的所有素数。

【参考代码】

```
#4-9.py
numbers = [2, 3, 4, 5, 6, 7, 8, 9, 10]
prime_numbers = []
for number in numbers:
    if number > 1:
        for i in range(2, number):
            if (number % i) == 0:
                break
        else:
            prime_numbers.append(number)
print(f"素数列表：{prime_numbers}")
```

运行结果如下：

素数列表：[2, 3, 5, 7]

【例 4-10】 元组中最小值的索引。

【描述】 找出元组中最小值的索引位置。

【参考代码】

```
#4-10.py
numbers = (5, 3, 9, 1, 7)
min_value = numbers[0]
```

```
min_index = 0
for i, number in enumerate(numbers):
    if number < min_value:
        min_value = number
        min_index = i
print(f"元组中最小值的索引位置是：{min_index}")
```

运行结果如下：

元组中最小值的索引位置是：3

【例 4-11】 元组中不同元素的列表。

【描述】 将元组中不同的元素收集到一个列表中。

【参考代码】

```
#4-11.py
numbers = (1, 2, 2, 3, 4, 3, 5)
unique_numbers = []
for number in numbers:
    if number not in unique_numbers:
        unique_numbers.append(number)
print(f"不同元素的列表是：{unique_numbers}")
```

运行结果如下：

不同元素的列表是：[1, 2, 3, 4, 5]

【例 4-12】 图书馆藏书管理系统。

【描述】 录入图书信息，包括书名和作者，显示所有图书，按书名排序，并能够根据书名查询图书信息。

提示：输入书名与作者用英文名，书名与作者之间用(,)分隔。

【参考代码】

```
#4-12.py
books = []

#录入图书信息
while True:
    book_info = input("Enter book name and author separated by a comma (or 'done' to finish): ")
    if book_info.lower() == 'done':
        break
    name, author = book_info.split(',')
    books.append((name, author))

#显示所有图书
print("\nLibrary Books:")
for book in books:
```

```
        print(f"Name: {book[0]}, Author: {book[1]}")


#按书名排序
for i in range(len(books)):
    for j in range(i + 1, len(books)):
        if books[i][0] > books[j][0]:
            books[i], books[j] = books[j], books[i]
print("\nAfter sorting Books:")
for book in books:
    print(f"Name: {book[0]}, Author: {book[1]}")


#查询图书信息
query_book = input("\nEnter a book name to query: ")
for book in books:
    if book[0] == query_book:
        print(f"Author: {book[1]}")
        break
    else:
        print("Book not found.")
```

运行结果如下：

```
Enter book name and author separated by a comma (or 'done' to finish): 西游记,吴承恩
Enter book name and author separated by a comma (or 'done' to finish): 水浒传,施耐庵
Enter book name and author separated by a comma (or 'done' to finish): 红楼梦,曹雪芹
Enter book name and author separated by a comma (or 'done' to finish): done

Library Books:
Name: 西游记, Author: 吴承恩
Name: 水浒传, Author: 施耐庵
Name: 红楼梦, Author: 曹雪芹

After sorting Books:
Name: 水浒传, Author: 施耐庵
Name: 红楼梦, Author: 曹雪芹
Name: 西游记, Author: 吴承恩

Enter a book name to query: 红楼梦
Author: 曹雪芹
```

本 章 小 结

　　本章介绍的列表、元组和前面章节学习的字符串都属于 Python 语言中的一种基本数据类型——序列。序列的最大特点是元素的有序性，所以序列都是通过序号索引来访问元素的。序列分为可变序列和不可变序列，元组和字符串都是不可变序列，列表是可变序列。

　　所有的序列都支持一些通用的操作，包括元素访问、序列遍历、in/not in 运算、+ 运算、* 运算、序列切片、元素查找、数值元素的基本数学统计等。

除了通用操作之外，列表作为可变序列还支持元素的增、删、改操作，以及列表的拷贝、反序和原地排序操作。

此外，列表生成式也是列表很重要的一个操作，灵活地使用列表生成式可以进一步简化程序，提高可读性。

课 后 思 考

1. 如何在 Python 中定义一个列表与元组？
2. 列表和元组的主要区别是什么？
3. 如何对列表元素进行添加、删除和修改？为什么元组不支持？
4. 如何使用 for 循环遍历列表和元组？
5. 什么是列表推导式和元组推导式？
6. 如何使用元组拆包来交换两个变量的值？
7. 如何对列表和元组的进行相互转换？
8. 在设计程序时，如何决定哪些地方使用列表，哪些地方使用元组？

第 5 章

字 典 与 集 合

在 Python 编程中，数据结构是组织和管理数据的基础，选择合适的数据结构能显著提升程序的效率和可读性。字典(dictionary)和集合(set)是两种强大且常用的数据结构，它们各自具有独特的优势，能够解决许多常见的编程问题。因此，本章将重点介绍字典与集合的原理和使用场景，以便学习者能够编写出高效、简洁的代码，并且能够更灵活地处理各种复杂的数据和操作。

5.1 字典的创建与访问

Python 语言中的字典是一种无序的、可变的、键值对(key-value pair)集合的数据结构。字典中的每个元素都是一个键值对，其中键(key)是唯一的，用于查找对应的值(value)。字典的键通常是不可变的数据类型(如整数、浮点数、字符串、元组等)，而值可以是任何数据类型。字典提供了快速查找、添加和删除元素的操作，使其成为存储关联数据(如数据库记录或配置文件)的理想选择。

5.1.1 字典的创建

在 Python 中，字典可以通过多种方式创建，最常见的是使用花括号{}和键值对语法。每个键值对之间使用逗号分隔，键和值之间使用冒号分隔。

假设某个学校的学生管理系统中有表 5-1 所示的学生信息，包括学生的学号和姓名，且学号和姓名一一对应。下面创建一个字典，用来存放这些学生的学号和姓名。

表 5-1 学 生 信 息

学 号	姓 名
10001	张三
10002	李四
10003	王五

【例 5-1】 创建字典。

```
students = { "10001": "张三", "10002": "李四", "10003": "王五"}
```

例 5-1 创建了一个名为 students 的字典，其中第一个键"10001"对应的值是"张三"，第二个键"10002"对应的值是"李四"。键值对提供了一种灵活且高效地组织和检索数据的方式。

也可以用内置函数 dict() 来创建字典，如例 5-2 所示。

【例 5-2】 通过 dict() 创建字典。

```
items = [("10001", "张三"), ("10002", "李四"), ("10003", "王五")]
students = dict(items)
```

在 Python 中创建字典时需要注意以下几点。

(1) 键的唯一性。字典的键必须是唯一的，如果尝试使用相同的键两次，第二次的赋值会覆盖第一次的值。

(2) 键的不可变性。字典的键必须是不可变的数据类型，如整数、浮点数、字符串、元组等。列表、集合和字典等可变的数据类型不能用作字典的键。

(3) 避免使用复杂或易混淆的键。虽然技术上可以使用任何不可变的数据类型作为键，但最好使用简单、清晰且不易混淆的键，以便于后续维护和理解代码。

(4) 避免使用 Python 内置的特殊方法名(如__init__、__str__等)作为字典的键，因为这可能会导致意外的行为或错误。

(5) 避免使用保留字作为字典的键。虽然 Python 允许使用保留字(如 if、for、while 等)作为字典的键，但这样做可能会使代码难以理解。

(6) 使用合适的键名。键名应该清晰地表达它们所代表的含义。使用有意义的键名可以提高代码的可读性。

(7) 避免使用长字符串作为字典的键。如果键是长字符串，考虑是否可以使用更简短的字符串或其他不可变类型作为键，以提高性能和可读性。

(8) 注意字典的内存占用。字典会占用一定的内存空间，特别是在处理大量数据时。因此，在创建字典时应考虑内存使用的限制。

5.1.2　字典的访问

字典中存储了若干无序的条目，这意味着字典没有索引的概念，访问字典中的值通常是通过键来实现的。当要访问字典里的值时，我们只需使用 dictionaryName[key]编写一个表达式即可。其中，dictionaryName 表示想要访问的那个字典的变量名，[key]代表想要访问的键。如果该键在字典中，则会返回其对应的值。

【例 5-3】 访问字典中的值。

```
#5-3.py
students = { "10001": "张三", "10002": "李四", "10003": "王五"}
print("students[\"10002\"]:", students["10002"])
```

以上代码的输出结果如下：

```
students["10002"]: 李四
```

需要注意的是，当尝试获取一个不存在的关键字所对应的值时，系统会提示"KeyError"异常。

在标准的字典数据结构中，通常是不能直接通过值来访问键的。字典是通过键来快速定位值的，而不是通过值来定位键的。这是因为字典是以哈希表的形式实现的，它通过键的哈希值来定位对应的值，而不是通过值的哈希值来定位对应的键。

5.2 字典的常见操作

字典是一种用于存储键值对集合的对象，所以对字典进行操作都会涉及键和值。下面介绍一些关于字典的常见操作。

1. 字典更新

字典创建后可根据需要对其进行增加或修改键值对操作。添加一个新的键值对到字典中，或者修改字典中现有键的值，可以使用以下语法：

```
dictionaryName[key] = value
```

其中，dictionaryName 表示字典名，key 表示键，value 表示值。

【例 5-4】 增加或者修改值。

```
#5-4.py
students = {"10001": "张三", "10002": "李四", "10003": "王五"}
students["10004"] = "赵六"          #添加一个 key 为"10004"、值为"赵六"的条目
print(students)                    #输出更新后的字典
#如果要修改现有键的值，只需再次使用相同的键并为其分配一个新值
students["10001"] = "张三丰"        #修改 key 为"10001"的条目的值为"张三丰"
print(students)                    #输出再次更新后的字典
```

以上代码的输出结果如下：

```
{'10001': '张三', '10002': '李四', '10003': '王五', '10004': '赵六'}
{'10001': '张三丰', '10002': '李四', '10003': '王五', '10004': '赵六'}
```

第一次调用 print(students)将显示更新后的字典，其中包含了新添加的键"10004"和其对应的值"赵六"。第二次调用 print(students)将显示进一步更新后的字典，其中键"10001"的值已被修改为"张三丰"。

当不再需要字典中的某一条目时，可以使用删除操作。删除字典中条目的语法格式如下：

```
del dictionaryName[key]
```

【例 5-5】 删除值。

```
#5-5.py
students = { "10001": "张三", "10002": "李四", "10003": "王五"}
del students["10003"]
print(students)
```

以上代码的输出结果如下：

```
{'10001': '张三', '10002': '李四'}
```

上述语句从字典中删除了键为"10003"的条目。需要注意的是，如果字典中不存在

该键，则会抛出"KeyError"异常。

当不再需要字典中存储的所有内容时，可以调用"clear()"方法一次性清空字典中的所有条目。

【例 5-6】 清空字典条目。

```
#5-6.py
students = { "10001": "张三", "10002": "李四", "10003": "王五"}
students.clear()
print(students)
```

以上代码的输出结果如下：

```
{}
```

在这种情况下，"clear()"方法只清空了字典中的条目，保留了字典的结构。如果不再需要该字典本身，可以使用 del 操作删除整个字典。

【例 5-7】 删除字典。

```
#5-7.py
students = { "10001": "张三", "10002": "李四", "10003": "王五"}
del students
print(students)
```

以上代码的输出结果如下：

```
Traceback (most recent call last):
    File "<pyshell#13>", line 1, in <module>
        print(students)
NameError: name 'students' is not defined
```

从上述输出结果可以看出，在执行了"del students"后，系统中的标识符"students"已不存在，访问"students"会引发系统报错"name 'students' is not defined"。

2. 获取字典的长度

在 Python 中，如果需要得到字典的长度，可以使用"len()"函数：

```
len(dictionaryName)
```

该函数返回字典条目的个数，即键值对的总个数。

【例 5-8】 返回字典长度。

```
#5-8.py
students = { "10001": "张三", "10002": "李四", "10003": "王五"}
length = len(students)
print("length:", length )
```

以上代码的输出结果如下：

```
length: 3
```

3. 查找字典条目

若要判断字典中是否存在某个键，可以使用"in"或"not in"运算符。

【例 5-9】 使用 in 或 not in 运算符判断字典中是否存在某个键。

```
#5-9.py
students = { "10001": "张三", "10002": "李四", "10003": "王五"}
print("10001" in students)
print("10004" in students)
print("10002" not in students)
```

以上代码的输出结果如下：

```
True
False
False
```

4. 判断两个字典是否相同

若要判断两个字典是否相同，可以使用"=="和"!="运算符。

【例 5-10】 相等性检测。

```
#5-10.py
students1 = { "10001": "张三", "10002": "李四"}
students2 = { "10002": "李四", "10003": "王五"}
print(students1== students2)      #判断两个字典是否相同
print(students1!= students2)      #判断两个字典是否不相同
```

以上代码的输出结果如下：

```
False
True
```

5. 字典合并

若要将两个字典合并成一个，可以使用合并操作符"|"。

【例 5-11】 字典合并。

```
#5-11.py
students1 = { "10001": "张三", "10002": "李四"}
students2 = { "10003": "王五", "10004": "赵六"}
merged_dict = students1 | students2
print(merged_dict)
```

以上代码的输出结果如下：

```
{'10001': '张三', '10002': '李四', '10003': '王五', '10004': '赵六'}
```

另外，合并操作符"|"还支持连续操作，比如：

```
merged_dict = dictionary1 | dictionary 2 | dictionary 3
```

5.3　字典的常用方法

除了上述的字典常用操作，Python 还提供了许多内置方法来操作字典。表 5-2 列出了可以被字典对象调用的一些常用方法。

表 5-2　Python 字典的常用方法

方法名	描　　述
dict.clear()	用于清空字典中的所有元素(键值对)。执行此方法后，字典将变成一个空字典
dict.copy()	用于返回字典的浅拷贝
dict.fromkeys()	使用给定的多个键创建一个新字典，其默认值是 None，也可以传入一个参数作为默认值
dict.get()	用于返回指定键的值，如果键不存在，则返回 None，也可以指定一个默认返回值
dict.items()	获取字典中的所有键值对，通常可以将结果转化为列表再进行处理
dict.keys()	返回字典中所有的关键字
dict.pop()	返回指定键对应的值，并在原字典中删除该键值对
dict.popitem()	返回并删除字典中的最后一对键和值
dict.setdefault()	与 dict.get()方法类似，但如果键不存在，会添加该键并将其值设为默认值
dict.update(dict1)	使用字典 dict1 中的键值对更新当前字典，如果键已存在则覆盖，如果不存在则添加
dict.values()	返回一个字典所有的值

下面举例说明上述方法的使用。

【例 5-12】　字典的常用方法。

```python
#5-12.py
#创建一个空字典
my_dict = {}
#使用 update()方法更新字典
my_dict.update({"apple": 5, "banana": 3, "orange": 2})
print("updated dictionary:", my_dict.items())
#清空字典
my_dict.clear()
print("cleared dictionary:", my_dict.items())
#复制字典
copied_dict = my_dict.copy()
print("Copied dictionary:", copied_dict.items())
#使用 fromkeys()方法创建字典
keys = ["a", "b", "c"]
default_value = 0
new_dict = {}
new_dict.update(new_dict.fromkeys(keys, default_value))
print("Dictionary from keys:", new_dict.items())
```

```
#使用 get()方法获取值
print("Get value for key 'a':", new_dict.get("a"))
#使用 items()方法返回键值对列表
print("Items:", new_dict.items())
#使用 keys()方法返回键列表
print("Keys:", new_dict.keys())
#使用 pop()方法弹出键值对
print("Pop 'b':", new_dict.pop("b"))
print("Dictionary after pop:", new_dict.items())
#使用 popitem()方法弹出任意键值对
print("Popitem:", new_dict.popitem())
print("Dictionary after popitem:", new_dict.items())
#使用 setdefault()方法设置默认值
print("Setdefault:", new_dict.setdefault("d", 10))
print("Dictionary after setdefault:", new_dict.items())
#使用 values()方法返回值列表
print("Values:", new_dict.values())
```

以上代码的输出结果如下：

```
updated dictionary: dict_items([('apple', 5), ('banana', 3), ('orange', 2)])
cleared dictionary: dict_items([])
Copied dictionary: dict_items([])
Dictionary from keys: dict_items([('a', 0), ('b', 0), ('c', 0)])
Get value for key 'a': 0
Items: dict_items([('a', 0), ('b', 0), ('c', 0)])
Keys: dict_keys(['a', 'b', 'c'])
Pop 'b': 0
Dictionary after pop: dict_items([('a', 0), ('c', 0)])
Popitem: ('c', 0)
Dictionary after popitem: dict_items([('a', 0)])
Setdefault: 10
Dictionary after setdefault: dict_items([('a', 0), ('d', 10)])
Values: dict_values([0, 10])
```

5.4　字典的高级应用

　　字典的高级应用包括字典的嵌套、字典的遍历和字典的排序。本节首先介绍嵌套字典，然后逐步探讨如何创建复杂的嵌套字典、高效遍历字典，以及对字典数据进行排序。

5.4.1　字典的嵌套

嵌套字典是指在一个字典中包含一个或多个其他字典。这样的结构可以创建复杂的数据组织形式，类似于树状结构。嵌套字典能够有效地存储结构化数据，表示复杂的层次结构，每个层次都包含多个键值对。通过嵌套字典，将相关的数据组织在一起，以便更好地组织和管理数据，更容易地访问和操作。

【例 5-13】　嵌套字典。

```
students_dict = {
    "student1": { "id": "10001", "name": "张三"},
    "student2": { "id": "10002", "name": "李四"}
}
```

本例中，students_dict 包含了两个子字典，每个子字典代表一个学生的信息。若要访问嵌套字典中的值，可以使用多个索引或键逐级访问，也可以使用 get()方法。

【例 5-14】　访问嵌套字典。

```
#5-14.py
students_dict = {
    "student1": { "id": "10001", "name": "张三"},
    "student2": { "id": "10002", "name": "李四"}
}
name_1 = students_dict ["student1"][ "name"]
name_2 = students_dict.get("student1").get("name")
print(name_1,name_2)
```

以上代码的输出结果如下：

```
张三 张三
```

若要修改嵌套字典中现有键的值，只需通过多级索引定位到修改的位置并赋新值。

【例 5-15】　修改嵌套字典。

```
#5-15.py
students_dict = {
    "student1": { "id": "10001", "name": "张三"},
    "student2": { "id": "10002", "name": "李四"}
}
students_dict["student1"]["id"] = 10003
print(students_dict["student1"])
```

以上代码的输出结果如下：

```
{'id': 10003, 'name': '张三'}
```

若要向嵌套字典中添加新的键值对，可以通过索引定位到要添加的位置并分配新的键值对。

【例 5-16】　向嵌套字典中添加新的键值对。

```
#5-16.py
```

```
students_dict = {
    "student1": { "id": "10001", "name": "张三"},
    "student2": { "id": "10002", "name": "李四"}
}
students_dict["student3"]= { "id": "10003", "name": "王五"}
print(students_dict["student3"])
```

以上代码的输出结果如下：

```
{'id': '10003', 'name': '王五'}
```

若要删除嵌套字典中的指定键值对，可以使用 del 关键字和多级索引定位到要删除的位置。

【例 5-17】 删除嵌套字典。

```
#5-17.py
students_dict = {
    "student1": { "id": "10001", "name": "张三"},
    "student2": { "id": "10002", "name": "李四"}
}
del students_dict["student1"]["id"]
print(students_dict["student1"])
```

以上代码的输出结果如下：

```
{'name': '张三'}
```

若要清空整个嵌套字典，可以直接调用 clear()方法。

若要遍历嵌套字典中的所有键值对，可以使用嵌套的 for 循环。

【例 5-18】 遍历嵌套字典。

```
#5-18.py
students_dict = {
    "student1": { "id": "10001", "name": "张三"},
    "student2": { "id": "10002", "name": "李四"}
}
for student, info in students_dict.items():
    print(f"Student: {student}")
    for key, value in info.items():
        print(f"{key}: {value}")
```

以上代码的输出结果如下：

```
Student: student1
id: 10001
name: 张三
Student: student2
id: 10002
name: 李四
```

5.4.2 字典的遍历

使用 for 循环是遍历字典最常见的方法，可以分别遍历字典的键、值或键值对。

【例 5-19】 使用 for 循环遍历字典。

```
#5-19.py
students = { "10001": "张三", "10002": "李四", "10003": "王五"}
for id in students:                    #遍历字典的键
    print(id)
for name in students.values():         #遍历字典的值
    print(name)
for id, name in students.items():      #遍历字典的键值对
    print(f"{id}: {name}")
```

以上代码的输出结果如下：

```
10001
10002
10003
张三
李四
王五
10001: 张三
10002: 李四
10003: 王五
```

通过使用 for 循环，可以轻松访问字典中的元素。这对于执行各种操作，如查找、过滤或转换字典中的数据非常有用。

除了使用 for 循环，还有很多方法来遍历字典。比如字典推导式，这是一种在 Python 中用来快速创建字典的方法，它允许从一个可迭代的对象(通常是另一个字典)中生成一个新的字典，同时可以根据条件过滤和转换数据。也可以在字典推导式中遍历原字典的键和值，并根据条件创建新的键值对。

字典推导式的基本语法格式如下：

```
{key_expression: value_expression for item in iterable if condition}
```

其中："key_expression"为生成字典键的表达式；"value_expression"为生成字典值的表达式；"item"为可迭代对象中的每个元素；"iterable"用来迭代生成字典的对象，通常是一个字典的 items()方法(返回键值对)或者 keys()方法(返回键)；"condition(可选)"为条件表达式，用于过滤要包含在最终字典中的元素。

【例 5-20】 使用字典推导式遍历字典。

```
#5-20.py
students = { "10001": "张三", "10002": "李四", "10003": "王五"}
selected_students = {id: name for id, name in students.items() if int(id) > 10001}
#int(id)将原本的字符串类型转为 int 型
```

```
print(selected_students)
```

以上代码的输出结果如下：

```
{'10002': '李四', '10003': '王五'}
```

本例中"id: name"定义了新字典中的键值对结构；"for id, name in students.items()"表示从 students 字典的键值对中进行迭代；"if int(id) > 10001"是一个条件，只有当学号大于 10001 时才选择该键值对。使用字典推导式可以使代码更简洁和易于理解，特别是在需要根据现有数据创建或转换字典时非常有用。

除了 for 循环和使用字典推导式之外，还可以用 enumerate()函数遍历字典。enumerate()函数可用于同时遍历字典的键和值，并提供索引。这对于需要记录元素的位置或索引的情况非常有用。

【例 5-21】 使用 enumerate()函数遍历字典。

```
#5-21.py
students = { "10001": "张三", "10002": "李四", "10003": "王五"}
for index,(id,name) in enumerate(students.items()):
    print(f"学生#{index+1}: {name} - id: {id}")
```

以上代码的输出结果如下：

```
学生#1: 张三  - id: 10001
学生#2: 李四  - id: 10002
学生#3: 王五  - id: 10003
```

遍历字典是 Python 中常见的操作，有多种方法可供选择，这取决于需求和代码的简洁性。不同的方法适用于不同的情况，选择合适的遍历方法可以使代码更加清晰和高效。

5.4.3 字典的排序

相比于列表，字典是一个无序的数据结构，一般不进行排序，但是如果想要对字典进行排序，可以通过 sorted()函数实现。sorted()函数可以对序列进行排序，并将排序结果放到一个列表中，然后返回这个列表。

【例 5-22】 字典排序。

```
#5-22.py
students = {   "10003": "王五","10001": "张三", "10002": "李四"}
print(sorted(students.keys()))                      #指定 key 排序
print(sorted(students.values()))                    #指定 value 排序
print(sorted(students.items(),key=lambda s:s[0]))   #指定排序依据为 key，同时返回 key-value
```

以上代码的输出结果如下：

```
['10001', '10002', '10003']
['张三', '李四', '王五']
[('10001', '张三'), ('10002', '李四'), ('10003', '王五')]
```

在排序时，key 参数指定排序的依据，lambda 匿名函数用于获取排序依据。s 是键值对组成的元组，s[0]获取元组中的第一个元素，即键。上述排序默认是升序，如果需要降序排列，则将 sorted()函数中的 reverse 参数设定为 True 即可。

5.5 集　　合

集合是 Python 中的一种数据结构，与列表、元组、字典等数据结构不同，它没有重复的元素。它是一个无序且没有重复元素的序列，集合中的元素必须是可 hash 对象，即数字、字符串、元组等不可变对象。集合不记录元素的位置和插入顺序，因此不支持索引、切片等其他序列类的操作。集合有以下几个特征：

(1) 集合中的元素是无序的，也就是说，每次创建集合时，集合中的元素的顺序可能不同。

(2) 集合中的元素是唯一的，也就是说，集合中的元素不能重复。

(3) 集合是可变的，也就是说，可以在集合中添加、删除元素。

集合的主要作用是消除重复元素，从而保证每个元素在集合中只出现一次。这对于排除重复元素很有帮助。因此，集合经常用于数据清洗、数据分析和数据处理等领域。它也可以用于简化代码，避免使用复杂的数据结构来存储数据。

5.5.1　集合的创建

创建集合的方法有两种：使用"{}"和使用 set()函数。其中，定义空集合不能使用"{}"，因为"{}"是创建空字典的方法，但可以使用 set()函数。使用"{}"创建的集合中的元素必须是不可变的，元素与元素之间要保证不相同。例如：

```
set0 = {}
set1 = {'java', 'c', 'python', 'c'}
print(set1)
#输出  {'c', 'python', 'java'}


set2 = {[1,2],(3,4)}
print(set2)
#输出  TypeError: unhashable type: 'list'


set3 = set()
print(type(set3))
#输出  <class 'set'>


set4 = set(['apple', 'orange', 'banana', 'apple'])
print(set4)
#输出  {'banana', 'orange', 'apple'}
```

上述代码中使用一对空括号"{}"创建的是一个空字典(见 set0)，而使用 Python 语言的内置函数 set()(不带参数)才能创建空集合(见 set3)。集合 set2 的输出引起系统报错，这是因为集合中的元素必须是可 hash 对象，显然元素“[1,2]”是列表(不可 hash 对象，元组是可 hash 对象)。使用括号“{}”带参数的方式创建的集合 set1 中包含重复元素“c”，而在输出集合 set1 元素中不含重复元素；使用带参数的 set()函数创建的集合 set4 中输出元素同样不含重复元素，可见去除重复元素是集合的一项重要功能。因此，set()函数在很多场合会被用来实现字符串或者列表的去重操作。

5.5.2 集合的访问

由于 Python 的集合是无序的，也没有键和值的概念，因此，在进行集合访问时通常使用 for 循环的遍历访问或通过集合名称整体输出。

【例 5-23】 在一个整数列表中随机选择 10 个元素并输出其中互不相同的数。

【分析】 这里需要用到 random 库中的 randint()函数和 choice()函数。首先，创建一个整数列表，然后在该列表中随机选择 10 个元素，最后通过 set()函数去重。

【参考代码】

```
#5-23.py
import random

a,b,n,m = 0,10,20,10
#创建一个整数列表 list1
list1 = []
for i in range(n):
    list1.append(random.randint(a,b))

#在列表 list1 中随机选择 10 个元素
list2 = []
for i in range(m):
    list2.append(random.choice(list1))
set1 = set(list2)
print("list1 中的元素为：")
print(list1)
print("list2 中的元素为：")
print(list2)
print("set1 中的元素为：")
print(set1)
```

以上代码的运行结果如下：

list1 中的元素为：
[8, 2, 4, 10, 8, 7, 3, 1, 2, 1, 8, 3, 9, 3, 3, 4, 5, 3, 3, 7]
list2 中的元素为：
[9, 3, 3, 8, 3, 3, 4, 2, 7, 3]
set1 中的元素为：

{2, 3, 4, 7, 8, 9}

5.5.3 集合的数学运算

交集、并集、差集和对称差集是数学运算中常见的四种运算。表 5-3 展示了数学里集合的不同运算在 Python 中所对应的运算符和方法。

表 5-3 数学里集合的不同运算在 Python 中所对应的运算符和方法

数学符号	Python 运算符	方 法	描 述
s ∩ z	s & z	s.__and__(z)	s 和 z 的交集
	z & s	s.__rand__(z)	&的反向操作
		s.intersection(it, ...)	把可迭代的 it 和其他所有参数转化为集合,然后求它们与 s 的交集
	s &= z	s.__iand__(z)	把 s 更新为 s 和 z 的交集
		s.intersection_update(it, ...)	把可迭代的 it 和其他所有参数转化为集合,然后求它们与 s 的交集,最后把 s 更新成这个交集
s ∪ z	s	z	s.__or__(z)	s 和 z 的并集
	z	s	s.__ror__(z)		的反向操作
		s.union(it, ...)	把可迭代的 it 和其他所有参数转化为集合,然后求它们与 s 的并集
	s |= z	s.__ior__(z)	把 s 更新为 s 和 z 的并集
		s.update(it, ...)	把可迭代的 it 和其他所有参数转化为集合,然后求它们与 s 的并集,最后把 s 更新成这个并集
s \ z	s − z	s.__sub__(z)	s 和 z 的差集,或叫相对补集
	z − s	s.__rsub__(z)	−的反向操作
		s.difference(it, ...)	把可迭代的 it 和其他所有参数转化为集合,然后求它们与 s 的差集
	s −= z	s.__isub__(z)	把 s 更新为 s 和 z 的差集
		s.difference_update(it, ...)	把可迭代的 it 和其他所有参数转化为集合,然后求它们与 s 的差集,最后把 s 更新成这个差集
		s.symmetric_difference(it)	求 s 和 set(it)的对称差集
s Δ z	s ^ z	s.__xor__(z)	求 s 和 z 的对称差集
	z ^ s	s.__rxor__(z)	^ 的反向操作
		s.symmetric_difference_update(it, ...)	把可迭代的 it 和其他所有参数转化为集合,然后求它们与 s 的对称差集,最后把 s 更新成这个对称差集
	s ^= z	s.__ixor__(z)	把 s 更新成 s 和 z 的对称差集

【例 5-24】 某学校有两个班级，班级 A 需要学习数学、语文、英语、物理、化学和生物，班级 B 需要学习数学、语文、英语、政治、地理和历史。请使用 Python 语言实现两个班级课程的交集、并集、差集和对称差集。

【分析】 班级 A 和班级 B 的交集为数学、语文和英语；并集为数学、语文、英语、物理、化学、生物、政治、地理、历史；差集为物理、化学和生物；对称差集为物理、化学、生物、政治、地理、历史。

【参考代码】

```
#5-24.py
A = {'数学','语文','英语','物理','化学','生物'}
B = {'数学','语文','英语','政治','地理','历史'}

#交集
print(A & B) # or print(A.__and__(B)) or print(A.intersection(B))
#输出 {'语文', '英语', '数学'}

#并集
print(A | B) # or print(A.__or__(B)) or print(A.union(B))
#输出 {'英语', '数学', '化学', '地理', '语文', '历史', '物理', '政治', '生物'}

#差集
print(A - B) # or print(A.__sub__(B)) or print(A.difference(B))
#输出 {'化学', '物理', '生物'}

#对称差集
print(A ^ B)
# or print(A.__xor__(B)) or print(A.symmetric_difference_update(B))
#输出 {'化学', '地理', '历史', '物理', '政治', '生物'}
```

以上代码的输出结果如下：

```
{'语文', '英语', '数学'}
{'历史', '生物', '化学', '语文', '政治', '数学', '英语', '地理', '物理'}
{'化学', '物理', '生物'}
{'物理', '地理', '化学', '政治', '历史', '生物'}
```

5.5.4 集合的比较运算符

比较运算符是用于对常量、变量或表达式的结果进行大小及是否相同的比较。比较的结果为布尔(bool)类型，如果结果成立，则返回 True(真)，否则返回 False(假)。表 5-4 列出了返回值是 True 和 False 的方法和比较运算符。

表 5-4 返回值是布尔类型的集合的比较运算符

数学符号	Python 运算符	方 法	描 述
e ∈ s	e in s	s.__contains__(e)	元素 e 是否属于 s
s⊆z	s <= z	s.__le__(z)	s 是否为 z 的子集
		s.issubset(it)	把可迭代的 it 转化为集合，然后查看 s 是否为它的子集
s ⊂ z	s < z	s.__lt__(z)	s 是否为 z 的真子集
s ⊇ z	s >= z	s.__ge__(z)	s 是否为 z 的父集
		s.issuperset(it)	把可迭代的 it 转化为集合，然后查看 s 是否为它的父集
s ⊃ z	s > z	s.__gt__(z)	s 是否为 z 的真父集

【例 5-25】 集合的比较。

```
#5-25.py
#定义两个集合
set1 = {1, 2, 3, 4, 5}
set2 = {4, 5, 6, 7, 8}

#检查 set1 是否为 set2 的子集
print("set1 < set2:", set1 < set2)
#输出 False

#检查 set1 是否为 set2 的真子集
print("set1 <= set2:", set1 <= set2)
#输出 False

#检查 set2 是否为 set1 的子集
print("set2 > set1:", set2 > set1)
#输出 False

#检查 set2 是否为 set1 的真子集
print("set2 >= set1:", set2 >= set1)
#输出 False
```

以上代码的运行结果如下：

```
set1 < set2: False
set1 <= set2: False
set2 > set1: False
set2 >= set1: False
```

5.5.5　集合的基本操作

除了与数学里的集合计算有关的方法和运算符，集合类型还有一些为了实用性而添加的方法，其汇总如表 5-5 所示。

表 5-5　集合类型的其他方法

方　　法	描　　　述
s.add(e)	把元素 e 添加到 s 中
s.clear()	移除掉 s 中的所有元素
s.copy()	对 s 浅复制
s.discard(e)	如果 s 里有 e 这个元素，则把它移除
s.__iter__()	返回 s 的迭代器
s.__len__()	返回 s 中元素的个数
s.pop()	从 s 中移除一个元素并返回它的值，若 s 为空，则抛出"KeyError"异常
s.remove(e)	从 s 中移除 e 元素，若 e 元素不存在，则抛出"KeyError"异常

【例 5-26】　集合的基本操作。

```
#5-26.py
#创建两个集合
set1 = {1, 2, 3, 4, 5}
set2 = {4, 5, 6, 7, 8}


#添加元素
set1.add(6)
print("After adding 6 to set1:", set1)
#输出  After adding 6 to set1: {1, 2, 3, 4, 5, 6}


#移除元素
set1.remove(6)
print("After removing 6 from set1:", set1)
#输出  After removing 6 from set1: {1, 2, 3, 4, 5}


#移除元素，如果不存在，则程序不报错
set1.discard(6)
print("After discarding 6 from set1:", set1)
#输出  After discarding 6 from set1: {1, 2, 3, 4, 5}


#清空集合
set1.clear()
```

```
print("After clearing set1:", set1)
#输出 After clearing set1: set()


#复制集合
set3 = set2.copy()
print("Copy set2 to set3:", set3)
#输出 Copy set2 to set3: {4, 5, 6, 7, 8}
```

以上代码的运行结果如下：

```
After adding 6 to set1: {1, 2, 3, 4, 5, 6}
After removing 6 from set1: {1, 2, 3, 4, 5}
After discarding 6 from set1: {1, 2, 3, 4, 5}
After clearing set1: set()
Copy set2 to set3: {4, 5, 6, 7, 8}
```

5.6 字典与集合的应用实例

【例 5-27】 假设一位教育工作者负责管理一所学校的学生成绩。现在需要一个简单而有效的系统来存储和管理学生的信息以及他们的成绩。请开发一个学生成绩管理系统，用于存储学生的姓名和对应的成绩，并提供以下功能：

(1) 添加学生的姓名和成绩；

(2) 查找特定学生的成绩；

(3) 显示所有学生及其成绩(按成绩升序)；

(4) 计算班级平均成绩。

【参考代码】

```
#5-27.py
class GradeManagementSystem:
    def __init__(self):        #初始化
        self.students = {}


    def add_student_grade(self, student_name, grade):
        self.students[student_name] = grade


    def get_student_grade(self, student_name):
        return self.students.get(student_name, "该学生不存在")


    def display_all_students(self):
```

```
        print("所有学生及其成绩: ")
        for student, grade in self.students.items():
            print(f"{student}: {grade}")


    def calculate_class_average(self):
        total_grades = sum(self.students.values())
        class_average = total_grades / len(self.students)
        return class_average


#示例用法
if __name__ == "__main__":
    #初始化学生成绩管理系统
    system = GradeManagementSystem()

    #添加学生的姓名和成绩
    system.add_student_grade("张三", 85)
    system.add_student_grade("李四", 90)
    system.add_student_grade("王五", 75)

    #显示所有学生及其成绩
    system.display_all_students()

    #查找特定学生的成绩
    print("李四的成绩: ", system.get_student_grade("李四"))

    #计算班级平均成绩
    class_average = system.calculate_class_average()
    print("班级平均成绩: ", class_average)
```

以上代码的输出结果如下：

```
所有学生及其成绩:
[('王五', 75), ('张三', 85), ('李四', 90)]
李四的成绩:  90
班级平均成绩:  83.33333333333333
```

如果不使用字典，我们该如何编写这样的程序呢？其实我们可以使用[[key1,value1], [key2,value2], …]这样的一个嵌套列表，但是新程序会更加复杂。在解决类似问题时，字典是一个非常高效且功能强大的数据结构。

【例 5-28】 假设一所大学的教务管理人员需要开发一个系统来管理学生的课程考试

成绩。该系统的功能包括：存储每个学生的成绩；计算每个学生的平均成绩；找出某门课程所有学生的成绩；找出所有参加考试的学生名单。请用字典与集合实现该系统的功能。

【参考代码】

```python
#5-28.py
#学生成绩字典
grades = {
    'Alice': {'Math': 85, 'Science': 92, 'English': 88},
    'Bob': {'Math': 78, 'Science': 80, 'English': 90},
    'Charlie': {'Math': 92, 'Science': 88, 'English': 85}
}


#添加或更新学生成绩
def add_grade(grades, student, course, score):
    if student not in grades:
        grades[student] = {}
    grades[student][course] = score


#示例：添加/更新成绩
add_grade(grades, 'Alice', 'History', 91)
print("更新后成绩:", grades)


#计算每个学生的平均成绩
def calculate_average(grades):
    averages = {}
    for student, subjects in grades.items():
        averages[student] = sum(subjects.values()) / len(subjects)
    return averages


#计算平均成绩
average_grades = calculate_average(grades)
print("平均成绩:", average_grades)


#获取某门课程所有学生的成绩
def get_course_grades(grades, course):
    course_grades = {}
    for student, subjects in grades.items():
        if course in subjects:
            course_grades[student] = subjects[course]
```

```
        return course_grades

#获取数学课程的成绩
math_grades = get_course_grades(grades, 'Math')
print("数学课程成绩:", math_grades)

#获取所有参加考试的学生名单
def get_all_students(grades):
        return set(grades.keys())

#获取所有学生名单
students = get_all_students(grades)
print("学生名单:", students)

#获取所有学生所修课程的集合
def get_all_courses(grades):
        all_courses = set()
        for subjects in grades.values():
                all_courses.update(subjects.keys())
        return all_courses

all_courses = get_all_courses(grades)
print("所有课程集合:", all_courses)

#获取所有学生共同修的课程
def get_common_courses(grades):
        if not grades:
                return set()
        common_courses = set(grades[next(iter(grades))].keys())
        for subjects in grades.values():
                common_courses.intersection_update(subjects.keys())
        return common_courses

common_courses = get_common_courses(grades)
print("所有学生共同修的课程:", common_courses)
```

以上代码的输出结果如下:

更新后成绩: {

    'Alice': {'Math': 85, 'Science': 92, 'English': 88, 'History': 91},

```
    'Bob': {'Math': 78, 'Science': 80, 'English': 90},
    'Charlie': {'Math': 92, 'Science': 88, 'English': 85}
}

平均成绩: {
    'Alice': 89.0,
    'Bob': 82.66666666666667,
    'Charlie': 88.33333333333333
}

数学课程成绩: {
    'Alice': 85,
    'Bob': 78,
    'Charlie': 92
}

学生名单: {'Alice', 'Charlie', 'Bob'}

所有课程集合: {'Math', 'Science', 'English', 'History'}

所有学生共同修的课程: {'Math', 'Science', 'English'}
```

本 章 小 结

　　本章深入探讨了 Python 中字典与集合的概念、用法以及其在实际应用中的重要性。字典(dictionary)是一种无序的、可变的键值对集合的数据结构，允许快速访问、添加和删除数据。每个键必须是唯一的，并且通常是不可变的数据类型(如字符串或数字)，而值可以是任何数据类型。集合(set)是一种无序且不重复的元素集合，主要用于测试成员资格、删除重复项以及进行数学集合运算(如并集、交集和差集)等。

　　掌握字典和集合的基本操作，有助于我们处理复杂的数据和操作，从而编写出更加高效和清晰的代码。

课 后 思 考

　　1. 思考：为什么字典和集合在 Python 中能够提供快速的查找、插入和删除操作？它们背后的哈希表实现是如何工作的？在什么情况下哈希冲突会影响性能？

2. 字典的键必须是不可变对象，这意味着可以使用字符串、数字和元组作为键，而不能使用列表或字典。思考：为什么 Python 有这个限制？如何选择合适的字典键以确保数据的唯一性和可访问性？

3. 在管理复杂数据时，我们经常需要嵌套使用字典和集合。思考：在设计嵌套数据结构时需要注意哪些问题？如何确保数据结构的清晰性和可维护性？

4. 在实际应用中，数据可能会出现异常或不符合预期的情况。思考：如何在使用字典和集合时进行错误处理和数据验证？如何防止和处理键不存在、数据类型错误等常见问题？

5. 基于课程成绩管理系统的示例，思考：如何进一步优化和扩展该系统？例如，如何添加更多的统计功能，如班级的平均成绩、最高分和最低分；如何设计一个友好的用户界面来操作和展示这些数据。

第6章

函　数

Python 函数是程序中的一个重要组成部分，它使代码变得更加简洁、可读性更强，并且提高了代码的可复用性和可维护性。本章将详细介绍 Python 函数，包括函数概述、函数定义、函数调用与返回值、函数参数、高阶函数、递归函数以及函数编写细节等内容。

6.1　函　数　概　述

计算机语言中的函数是一段用特定格式封装起来的独立代码块，它完成特定的任务并可以重复使用，封装的过程就是函数的定义。通过定义函数，我们可以将复杂的问题分解为多个小问题，每个小问题对应一个函数，从而使代码更加清晰和易于管理。

当一个函数定义完成后，只需要掌握函数名称、函数参数和返回值类型这三个要素，我们就可以调用这个函数去完成特定的功能，而不必关心函数内部实现的细节，所以这三个要素也可以称为函数接口。事实上，我们调用的函数可以是自己定义的，也可以是其他程序员定义好的，这样，程序员就可以分工合作，每个人都能更专注于各自的任务。

从功能上看，函数是模块化程序设计的基本构成单位，在程序设计过程中使用函数具有如下优点。

(1) 实现结构化程序设计。通过把程序分割为不同的功能模块，可以实现自顶向下的结构化设计。

(2) 减少程序复杂度。简化程序的结构，提高程序的可阅读性。

(3) 实现代码复用。一次定义多次调用，实现代码的可重用性。

(4) 提高代码质量。把一个复杂任务分割成若干个子任务以后，代码相对简单，易于开发、调试和维护。

(5) 协作开发。在将大型项目分割成不同的子任务以后，团队中的所有人可以分工合作，加快软件开发进度。

(6) 实现特殊功能。有些需要多次迭代计算的复杂算法，可以使用递归函数来实现，大大降低软件开发的复杂度。

函数的定义者和调用者可以不是同一个人，根据程序中函数的定义者的不同，可以把函数分成用户自定义函数、内置函数、标准库函数和第三方库函数。

1. 用户自定义函数

在 Python 中，程序员可以通过定义一个函数来实现特定的功能，这是本章将要重点介绍的内容。一般来说，程序员可以通过两种方式来定义函数：用 def 关键字来定义一个普通函数；用 lambda 定义简单的匿名函数。

2. 内置函数

内置函数(Built-in Functions)是 Python 语言内部已经定义好的函数，属于语言的一部分。其实在前面的章节中，已经在使用 Python 的内置函数了，如 input()、print()、len()等。表 6-1 给出了 Python 的内置函数，我们可以查阅资料去使用。

表 6-1 Python 内置函数一览表

abs()	dict()	help()	min()	setattr()
all()	dir()	hex()	next()	slice()
any()	divmod()	id()	object()	sorted()
ascii()	enumerate()	input()	oct()	staticmethod()
bin()	eval()	int()	open()	str()
bool()	exec()	isinstance()	ord()	sum()
bytearray()	filter()	issubclass()	pow()	super()
bytes()	float()	iter()	print()	tuple()
callable()	format()	len()	property()	type()
chr()	frozenset()	list()	range()	vars()
classmethod()	getattr()	locals()	repr()	zip()
compile()	globals()	map()	reversed()	_import_()
complex()	hasattr()	max()	round()	
delattr()	hash()	memoryview()	set()	

在 Python 的 3.10 版本中，共有 68 个内置函数，我们不需要导入任何模块就可以在程序的任意位置调用它们。

3. 标准库函数

Python 语言在安装程序的同时会安装若干标准库，这些库中包含了很多函数，它们按照功能进行分类。当使用某一个库中的函数时，可以先通过 import 语句导入相应的标准库，然后在程序中调用。一些常用的标准库如下：

(1) os：提供用于操作系统交互的功能，如文件操作、目录操作等；

(2) sys：提供了对 Python 解释器的访问，包括命令行参数、标准输入输出等；

(3) math：包含了数学运算函数，如三角函数、对数函数等；

(4) datetime：用于处理日期和时间；

(5) json：用于 JSON 数据的编码和解码；

(6) requests：用于发送 HTTP 请求的库。

4. 第三方库函数

Python 社区和一些公司提供了很多其他高质量的库，如 Python 图像库等，这些库有的是收费的，有的是免费的。我们在下载安装这些库以后，通过 import 语句导入，就可以使用其中定义的函数。下面给出了一些常用的第三方库。

(1) numpy：用于科学计算，提供了高性能的多维数组对象和用于处理这些数组的工具；

(2) pandas：提供了数据分析工具，包括数据结构和数据分析函数；

(3) matplotlib：用于绘制可视化图表的库；

(4) beautifulsoup4：用于解析 HTML 和 XML 文档的库，常用于网页爬虫；

(5) scikit-learn：用于机器学习的库，包含了很多经典的机器学习算法；

(6) django：用于构建 Web 应用程序的高级框架；

(7) flask：轻量级的 Web 框架，适用于构建简单的 Web 应用；

(8) tensorflow 和 pytorch：用于深度学习和神经网络的库；

(9) sqlalchemy：用于数据库操作的 SQL 工具包和对象关系映射(ORM)库；

(10) pytest：用于编写单元测试的框架。

6.2 函 数 定 义

6.2.1 用 def 定义函数

在 Python 中，用户通常使用 def 关键字来定义函数。函数的定义结构如图 6-1 所示。

```
def 函数名(参数1, 参数2, ..., 参数n):
    """函数的文档字符串（可选）"""
    # 函数的代码块
    # 这里写你的代码
    return 返回值  # 可选
```

图 6-1 函数的定义结构

函数名：函数的名称，其命名必须符合标识符的命名规则，后边的程序根据这个名称来进行调用，所以起名的时候应尽量做到见名知义，如 get_sum、cal_value。

参数列表：函数的输入，可以定义零个或多个参数，参数之间用逗号分隔。这些参数在函数被调用时会被传递进来。

函数的代码块：函数要执行的代码，它可以是任何有效的 Python 语句，用来完成特定的功能，如发送邮件、计算[11,22, 56,225,3]中的最大值等。

返回值：函数执行完毕后返回的值，使用 return 语句来返回。如果函数没有返回值，那么它会默认返回 None。

形式参数和实际参数是 Python 函数中用于数据传递的重要概念。形参在函数定义时声明，用于接收实参；而实参在函数调用时提供，用于传递具体的数据给形参。它们之间的关系通过函数调用过程中的数据传递来实现。一般情况下，函数调用时所用的实参顺序要和形参顺序保持一致。

下面给出一个函数定义的例子。

【例 6-1】 简单问候。

```
#6-1.py
def greet():
    '''简单问候'''
    print("大家好！")
greet()
```

这个示例演示了最简单的函数结构。第一行代码使用关键字 def 来告诉 Python 要定义一个函数，向 Python 指出了函数名，还可能在括号内指出函数为完成其任务需要什么样的信息。在这里，函数名为 greet，它不需要任何信息就能完成其工作，因此括号内是空的(括号必不可少)。最后，定义以冒号结尾。

紧跟在 def greet(): 后面的所有缩进行构成了函数体。"'''简单问候'''"这一行文本是被称为文档字符串(docstring)的注释。文档字符串用三引号括起，Python 使用它们来生成有关程序中函数的文档。

代码行 print("大家好！")是函数体内的唯一一行代码，greet()只做了一项工作：在屏幕上输出"大家好！"四个字。要调用函数，可依次指定函数名以及用括号括起的必要信息，如例 6-1 中最后一行所示。由于这个函数不需要任何信息，因此调用它时只需输入 greet()即可。和预期的一样，它打印出"大家好！"。

```
大家好!
```

例 6-1 中函数 greet()与常见的数学函数有所区别，它既没有给出要处理的操作对象，也没有给调用者任何反馈信息，例 6-2 的函数比较符合我们对函数的认知。

【例 6-2】 计算两数和的函数。

```
#6-2.py
def add(a, b):
#返回 a + b 的计算结果
    return a + b
```

参数表里的 a 和 b 代表要求输入的数，返回结果是 a + b 的值。当然，这里只是一个简单的加法计算，在实际编程中需要定义的函数会比这个复杂。

6.2.2　匿名函数

除了一般使用 def 定义的函数外，Python 还支持 lambda 匿名函数。匿名函数通常指运行时临时创建的，没有显示命名的函数，它允许快速定义简单的函数。

使用

```
lambda args: expression
```

或

```
lambda arg1,arg2,…,argn: expression using args
```

来定义匿名函数。其中，lambda 是关键字，args 是参数，可以有 0 个或多个参数，分别用逗号分隔，expression 是一个表达式，描述了函数的返回值。

lambda 关键字用于创建小巧的匿名函数，lambda a,b:a+b 函数返回两个参数的和。在语法上，匿名函数只能是单个表达式；在语义上，它与常规定义的函数完全相同。

【例 6-3】 匿名函数定义。

```
#6-3.py
#普通函数
def add(x, y):

        return x + y
result = add(3, 5)
print(result)


#匿名函数(lambda 表达式)
add_lambda = lambda x, y: x+y
result_lambda = add_lambda(3, 5)
print(result_lambda)
```

例 6-3 中先用 def 定义了求两数之和的普通函数 add()，然后用 lambda 关键字定义了一个匿名函数 add_lambda()。使用相同的输入参数分别调用这两个函数进行输出，可以得到两个完全相同的输出结果如下：

```
8
8
```

匿名函数的优点主要在于其简洁性，lambda 表达式可以快速定义简单的函数，无须使用 def 语句，它没有正式的函数名称，适用于短生命周期函数的情形，并且 lambda 表达式中只包含一个表达式，因此它占用内存空间小，代码更加紧凑。

由于匿名函数中只能包含一个表达式，无法包含多个语句来处理复杂逻辑，在调试的时候很难设置断点，中间也无法支持变量定义，只能使用已经存在的变量，加之性能方面也比不上使用 def 语句定义的函数，因此，匿名函数通常只能作为一种轻量级的应用。

6.3 函数调用与返回值

定义函数时，函数体中的语句并不会被立即执行，只有遇到函数调用时才会执行函数体中的代码；函数定义完成后才能够被程序员调用。定义只需要一次，而调用可以有多次。

6.3.1 函数调用

调用函数时，通过函数名加上圆括号，并在括号内传递必要的参数。我们用下面的代码调用 add 函数。

【例 6-4】 简单的函数调用示例。

```
#6-4.py
def add(a, b):
    #返回 a + b 的计算结果
    return a + b


result = add(3, 5)
print(result)
```

这里 result = add(3,5)调用函数 add(a,b)，将 3 和 5 作为参数分别传递给 a 和 b，计算的结果被赋给了变量 result，最后用 print(result)输出结果如下：

```
8
```

6.3.2　返回值

在 Python 中，函数的返回值是函数执行完毕后向调用者传递的结果。通过 return 语句，函数可以指定要返回的值。如果函数没有 return 语句或 return 语句后没有跟任何值，那么函数将默认返回 None。函数返回值的主要用途是传递函数处理后的结果给调用者，以便在程序的其他部分使用。通过返回值，函数可以与其调用者进行交互，实现更复杂的程序逻辑。一般情况下，Python 函数中的 return 语句返回一个单一的值，也可以返回多个值，还可以通过返回一个结构类型的变量如列表、元组或字典返回多个值。

1. 单一返回值

【例 6-5】　单一返回值示例。

```
#6-5.py
def multiply(a, b):
    return a * b


product = multiply(4, 5)
print(product)    #输出: 20
```

例 6-5 定义了一个能计算两数之积的函数 multiply(a,b)，它的参数表中要求有两个输入值：a 和 b，函数体中用 return 语句返回它们的计算结果 a*b。

2. 多个返回值

Python 允许函数返回多个值，返回值用逗号分隔，函数返回一个包含这些值的元组。

【例 6-6】　多个返回值示例。

```
#6-6.py
def min_max(numbers):
    return min(numbers), max(numbers)


lst = [1, 2, 3, 4, 5]
min_val, max_val = min_max(lst)
print(f"Min: {min_val}, Max: {max_val}")
```

例 6-6 中，min_val, max_val = min_max(lst)语句调用函数 min_max(numbers)，此时，min_max(numbers)函数接收一个列表 lst,其函数体中包含一行 return min(numbers), max(numbers)，表示函数将返回 numbers 中的最小值和最大值。值得注意的是，在接收函数返回值的时候使用了两个变量：min_val 和 max_val，用来接收函数体中 return 返回的两个值，并且其顺序依次对应。最终输出结果如下：

```
Min:1
Max:5
```

3. 间接返回多个值

在 Python 中，间接返回多个值可以通过返回一个复合类型变量来实现。以下是一个简单的例子：

【例 6-7】 通过列表间接返回多个值示例。

```
#6-7.py
def create_list(length):
    return [None] * length


#调用函数
my_list = create_list(5)
print(my_list)
```

输出的结果就是一个含有 5 个元素的列表。

```
[None,None,None,None,None]
```

如果想要返回一个特定内容的列表，可以这样做。

【例 6-8】 返回一个特定内容的列表示例。

```
#6-8.py
def create_list_with_values(length, value):
    return [value] * length


#使用函数
my_list = create_list_with_values(5, 'a')
print(my_list)
```

结果输出如下：

```
['a', 'a', 'a', 'a', 'a']
```

思考题：列表可以作为返回值，元组、字典是否也可以？

6.4 函 数 参 数

函数参数用于传递函数执行时所需的数据。在函数定义时，圆括号()中给出的参数称为形式参数，简称形参，表示要调用这个函数，需要按照形参的要求提供输入。而在调用函数时，调用者必须按照定义时的形参要求提供实际的值作为函数的计算输入，这些值称为实际参数，简称实参。函数调用就是实参把值传递给形参再对形参进行操作的过程。在函数调用时，Python 支持多种类型的参数传递方法，包括位置参数、关键字参数、默认参数和不定长参数等。此外，实参在替代形参的过程中，有传值和传址这两种方式。

6.4.1 位置参数

函数调用时，一般情况下，实参会按照顺序依次把值传递给其匹配的形参，这种方式称为位置参数或位置实参。

【例 6-9】 减法运算时的位置参数示例。

```
#6-9.py
def subtract(a, b):
    return a - b


result = subtract(10, 3)
print(result)
```

在函数体的 return a - b 中，显然 a 和 b 的位置是不能随意改变的。我们要计算 10 - 3 的结果，必须在调用时使用 subtract(10,3)，这样才能保证把 10 传递给 a，把 3 传递给 b，从而得到正确的计算结果。如果用 subtract(3,10)，最终计算结果就不是我们想要的了。

一般情况下，实参的数目必须保证和形参的一致。如果把例 6-9 的调用语句中提供的参数扣除一个，结果就会出错。

【例 6-10】 实参数目和形参不匹配示例。

```
#6-10.py
def subtract(a, b):
    return a - b


    result = subtract(10)
    print(result)
```

输出的结果如图 6-2 所示。

```
========================= RESTART: D:/Python310/6-9.py =========================
Traceback (most recent call last):
  File "D:/Python310/6-9.py", line 4, in <module>
    result = subtract(10)
TypeError: subtract() missing 1 required positional argument: 'b'
```

图 6-2 实参个数少于形参时的报错信息

解释器在调用过程中无法给形参 b 传递一个值，就会输出如图 6-2 的报错信息。指出在 6-10.py 的第 4 行 result = subtract(10)中，函数 subtract()遗漏了一个位置参数 b。同样，如果传递的实参个数多于形参的个数，也会输出相应的报错信息如图 6-3 所示。

```
======================== RESTART: D:/Python310/6-9.py ========================
Traceback (most recent call last):
  File "D:/Python310/6-9.py", line 4, in <module>
    result = subtract(10,3,5)
TypeError: subtract() takes 2 positional arguments but 3 were given
```

图 6-3　实参个数多于形参时的报错信息

6.4.2　关键字参数

如果在函数调用时，直接用形参名显式地指出要传递的实参值，可以不考虑参数的顺序。这种方式称为关键字参数或关键字实参。

【例 6-11】　关键字实参示例。

```
#6-11.py
def describe_pet(pet_name, animal_type):
    print(f"I have a {animal_type} named {pet_name}.")


describe_pet(animal_type="dog", pet_name="Buddy")
```

例 6-11 定义了一个描述宠物名字的函数 describe_pet()，它有两个参数：宠物名 pet_name 和宠物类型 animal_type，在调用时，实参的顺序显然与形参顺序不一致，但在实参前面直接指明了要传递的形参名字，输出的结果如下：

```
I have a dog named Buddy.
```

狗名叫 Buddy，显然是正确的。而如果去掉实参前的形参关键字指定，采用如下方式来调用：

```
describe_pet("dog", "Buddy")
```

那么，输出的结果如下：

```
I have a Buddy named dog.
```

显然这不是期望的输出。

6.4.3　默认参数

在定义函数时，可以为参数指定默认值，调用时可以省略这些参数，这样的参数称为默认参数，也称缺省参数。在使用默认参数的情况下，实参个数允许少于形参个数。

【例 6-12】　默认参数示例。

```
#6-12.py
def describe_pet(pet_name, animal_type="dog"):
    print(f"I have a {animal_type} named {pet_name}.")


describe_pet("Buddy")
```

在定义函数 describe_pet() 时，第二个参数 animal_type 被直接赋值成了 dog，这样即使在调用时缺失了一个参数，解释器会把缺失的值直接赋值成"dog"，输出的结果仍然是正确的。输出为

I have a dog named Buddy.

必须指出的是，缺省参数必须放在最后。

【例 6-13】　默认参数前置示例。

```
#6-13.py
def describe_pet(pet_name = "Buddy", animal_type):
    print(f"I have a {animal_type} named {pet_name}.")


describe_pet("dog")
```

解释器无法继续执行，直接给出报错框，如图 6-4 所示。

图 6-4　默认参数前置的语法错误提示框

　　这说明，函数调用过程中在把实参传递给形参时遵循从左至右的次序。因此必须保证实参个数加上默认参数的个数等于形参的总数目。

6.4.4　不定长参数

　　有时函数的定义者无法确切地知道到底要传递多少个实参，这时可以采用不定长参数。

【例 6-14】　不定长参数示例。

```
#6-14.py
def make_pizza(*toppings):
    print("Making a pizza with the following toppings:")
    for topping in toppings:
        print(f"- {topping}")
make_pizza("pepperoni", "mushrooms", "green peppers")
```

　　例 6-14 中，在参数前面加一个"*"号，用于接收任意数量的位置参数，函数内部将其作为元组处理。在定义函数 make_pizza()时，它接收不定长参数 toppings，用 *toppings 表示。函数体首先输出"Making a pizza with the following toppings:"，然后使用 for 循环遍历 toppings 元组，逐个输出每个配料。而在调用函数 make_pizza("pepperoni", "mushrooms", "green peppers")时传递多个配料参数，这些配料实参被组合成了一个元组，存储到 toppings 中去。所以其输出结果为

```
Making a pizza with the following toppings:
-pepperoni
-mushrooms
```

-green peppers

如果要再加一味配料番茄酱，则只要在调用时增加一个参数就可以了。

make_pizza("pepperoni", "mushrooms", "green peppers", "tomato sauce")

这样输出结果就变成

Making a pizza with the following toppings:

-pepperoni

-mushrooms

-green peppers

-tomato sauce

我们还可以结合关键字参数来使用不定长参数。在参数前面加 2 个"*"号，函数内部会把该参数作为字典来处理，这样我们就可以指定任意数量的关键字参数了。

【例 6-15】 任意数量的关键字参数示例。

```
#6-15.py
def build_profile(first, last, **user_info):
    profile = {}
    profile['first_name'] = first
    profile['last_name'] = last
    for key, value in user_info.items():
        profile[key] = value
    return profile

user_profile = build_profile('albert', 'einstein', location='princeton', field='physics')
print(user_profile)
```

函数 build_profile()接收两个固定参数 first 和 last，以及不定长关键字参数 **user_info。在函数体中首先创建一个空字典 profile，然后将 first 和 last 参数添加到字典中，使用 for 循环遍历 user_info 字典，将所有其他关键字参数添加到 profile 字典中，最后返回 profile 字典。build_profile('albert', 'einstein', location='princeton', field='physics')调用函数，传递固定参数和关键字参数。用 user_profile 接收返回的包含所有参数信息的字典，最后输出：

```
{'first_name': 'albert', 'last_name': 'einstein', 'location': 'princeton', 'field': 'physics'}
```

6.4.5 传值与传址

在实参替代形参的过程中，根据实参类型的不同，会产生两种不同的结果：一是函数无法改变实参的值，二是函数可以改变实参的值。

【例 6-16】 传值与传址示例。

```
#6-16.py
# 传值示例
def modify_value(num):
    num = num + 1
    return num
```

```
num = 10
print(num)        #调用 modify_value 前 num 的值是 10
modify_value(num)
print(num)        #调用 modify_value 后呢?


#传址示例
def modify_list(a_list):
    a_list.append(4)
    return a_list


my_list = [1, 2, 3]
print(my_list)    #调用前 my_list 肯定是: [1, 2, 3]
modify_list(my_list)
print(my_list)    #调用后 my_list 的值?
```

例 6-16 中定义了两个函数 modify_value()和 modify_list(),每个函数在调用前后分别输出实参的值。运行例 6-16 中的代码结果如下:

```
10
10
[1,2,3]
[1,2,3,4]
```

可见,作为 modify_value()实参的整型变量 num,modify_value()无法对其产生任何改变;而作为 modify_list()实参的列表对象 my_list,在调用 modify_list()前的值为[1,2,3],在 modify_list()中形参 a_list.append(4)却改变了 my_list 的值,所以最后那条 print(my_list)输出的是[1,2,3,4],而不是[1,2,3]。这两种类型的实参在参数传递的过程中被区别对待了。

这是因为,对于简单类型的整型变量 num,在作为实参传递给形参的时候,只是传递给了形参 num 一个值的拷贝,所以在 modify_value()内部无论怎样对形参 num 做改变,也影响不了外部的整型变量 num,它的值一直是 10,这种情况称为传值,实参传递给形参的只是自身值的一个副本。而 list 是一个带结构的复合类型对象,它在进行参数传递的时候,直接将自己在内存中的地址传递给了形参 a_list,这样 a_list 和 my_list 都指向同一个内存空间,对 a_list 的修改就是对 my_list 的修改,a_list 变成了 my_list 的一个别名。这种在参数传递过程中把实参地址复制给形参的方式称为传址。

如果不希望复合类型的实参受到调用函数的影响,可以采用切片操作来完成传值调用。

【例 6-17】 采用切片操作阻止实参传址。

```
#6-17.py
def modify_list(a_list):
    a_list.append(4)
    return a_list


my_list = [1, 2, 3]
```

```
print(my_list)
modify_list(my_list[:])
print(my_list)
```

在例 6-17 中，调用 moidfy_list()时对实参 my_list 进行了一个切片操作[:]，这样在参数传递时，my_list 把自己的一个拷贝副本传递给了形参 a_list，因此 a_list 指向的内存单元就和 my_list 不同了，modify_list()函数内部对 a_list 的修改 a_list.append(4)就无法改变 my_list 的值。最终的输出结果为

```
[1,2,3]
[1,2,3]
```

思考题：列表是一种可变类型，元组、字典、数组也是吗？

6.5　高　阶　函　数

在前面的例子中，我们给出的所有示例函数的返回值和参数都是普通的变量或者数值，这样的函数称为普通函数。高阶函数是指能够接收其他函数作为参数的函数，或者返回一个函数作为结果的函数。

1. 接收函数作为参数

高阶函数可以接收一个或多个函数作为参数，并在其内部调用这些函数。

【例 6-18】 函数作为形参示例。

```
#6-18.py
def apply_function(func, value):
    return func(value)


def increment(x):
    return x + 1


print(apply_function(increment, 5))
```

例 6-18 中定义了 2 个函数：increment()和 apply_function()，increment()是一个简单函数，接收一个变量 x，然后返回这个变量加 1 的值；而 apply_function()函数则有两个参数：func 和 value，在其函数体内，参数 func 被作为函数使用，并且将第二个参数 value 作为这个 func()函数的参数。在最后一行的 print(apply_function(increment,5))中，increment 函数名被作为实参传递给了形参 func，它后面并没有在括号中直接给出其所需要的参数 x，然后在其函数体内被调用。这里的 apply_function()就是一个高阶函数,在 apply_function()中只是调用了 increment()函数，并没有作出任何其他改变，其输出值仍然是我们所期望的。

6

2. 返回函数

【例 6-19】 高阶函数可以返回一个新的函数。

```
#6-19.py
def make_incrementor(n):
    def incrementor(x):
        return x + n
    return incrementor

inc = make_incrementor(5)
print(inc(10))
```

例 6-19 在定义接收一个参数 n 的高阶函数 make_incrementor()时，在其函数体内先定义了一个普通的子函数 incrementor()，这个函数把接收到的参数 x 和其父函数的参数 n 相加后返回给调用者。而 make_incrementor()的返回值就是它自己所定义的子函数 incrementor()的名称。随后的代码首先用 5 作为参数调用父函数 make_incrementor()，然后把返回的函数赋值给变量 inc，此时 inc 实际获得了参数 n 和函数 incremnetor()，在执行 print(inc(10))时，inc 把刚获得的参数值 10 和前面获得的 5 相加输出。

15

6.6　递　归　函　数

既然函数可以在程序的任意位置被调用，当然也可以被函数自身所调用，这种方法称为递归。递归可以分为直接递归和间接递归两种方式。

6.6.1　直接递归

递归的概念源于数学。看一个简单的例子：给出一个多位整数，按顺序打印这个整数的每一位数字。因为不知道这个整数到底有多少位数，因此用循环的方法实现起来有些复杂，而用递归可以让程序变得更加简洁。

【例 6-20】　递归方式的数位打印。

```
#6-20.py
def numbers(num):
    if num > 9:
        numbers( num // 10 )
    print(num % 10)

n = input("请输入一个多位整数：")
numbers(int(n))
```

输出结果如下：

请输入一个多位整数：6789

6

```
    7
    8
    9
```

从上面的例子中可以看出，numbers()函数调用了自身。进入函数时程序会先判断传递进来的参数是否大于 9(是不是多位数)，如果是，则递归调用自身，但传递进去的参数降阶了，6789 在整除 10 后变成了 678，这时不会执行 print 而是第二次调用 numbers()函数，传递进来的参数变成了 678，继续这个过程直到最后一次调用 numbers()函数且参数变成 6，这时由于 6 < 9 程序不会执行 if 语句，会直接打印出一个 6，而后返回上一层被调用的函数，执行后面的 print 语句，依次返回并输出 7、8、9。

```
numbers(6789)                                    #主程序调用
    if n > 9:
        numbers(678)                             #第一次递归调用，num = 678
            if num > 9:
                numbers(67)                      #第二次递归调用，num = 67
                    if num > 9:
                        numbers(6)               #第三次递归调用，num = 6
                        print(6%10)
                    print(67 % 10)               #返回自己的调用处，num = 67
            print(678 % 10)                      #返回自己的调用处，num = 678
    print(6789 % 10)                             #返回自己的调用处，num = 6789
```

图 6-5　递归时嵌套调用与返回示意图

图 6-5 给出了 numbers()函数三次递归调用自身后依次返回的情形，注意函数每次返回调用者，参数值都发生了变化。这些调用和返回形成了一个嵌套结构，每一次函数执行完毕，都要返回到上一层的调用者，从调用处的下一条语句继续执行。可以想象这么一种情形：一个小朋友坐在第 10 排，他的作业本被小组长扔到了第 1 排，小朋友要拿回他的作业本，要怎么办？他可以拍拍第 9 排小朋友，说：“帮我拿第 1 排的本子”，而第 9 排的小朋友可以拍拍第 8 排小朋友，说：“帮我拿第 1 排的本子”……如此下去，消息终于传到了第 1 排小朋友那里，于是他把本子递给第 2 排，第 2 排又递给第 3 排……终于，本子到手啦！这就是递归，拍拍小朋友的背可以类比函数调用，而小朋友们都记得要传消息、送本子，是因为他们有记忆力，每个小朋友都只把本子交给自己传消息的同学，函数只返回到它的调用者。

再看一个直接递归的例子。求 n 的阶乘：n! = n*(n − 1)*…2*1。我们可以把 n! 看做 n*(n − 1)!，这样我们可以借助递归的思想来编写一个阶乘计算函数。

【例 6-21】　阶乘计算的递归实现。

```
#6-21.py
def fact(n):
    if n == 1:
        return 1
```

```
    else:
        return n*fact(n-1)


n = fact(10)
```

程序计算出结果 n = 3628800。

前面的递归过程都比较简单，下面看一个复杂一点的例子。传说某个神庙中有三座汉诺塔 A、B 和 C，A 塔中由小到大叠放着 64 个大小各不相同的圆盘，每个圆盘都比它下面的小。庙里的和尚在从事着这么一件事情，将圆盘从 A 塔搬移到 C 塔中去，但必须严格遵守如下规则：一次只能搬动一个圆盘，小圆盘只能叠放在大圆盘之上。当然，他们可以用 B 塔作为中转。下面的递归程序可以完成这个过程的模拟。

【例 6-22】 汉诺塔递归。

```
#6-22.py
def hanoi(n, a, b, c):
    if n == 1:
        print("disk " + str(n) + ": from tower" + a + " to tower" + c)
    else:
        hanoi(n-1, a, c, b)
        print("disk " + str(n) + ": from tower" + a + " to tower" + c)
        hanoi(n-1, b, a, c)


hanoi(5, 'A', 'B', 'C')
```

运行上面的代码，结果如图 6-6 所示。

```
==================== RESTART: D:/Python310/samples/hanoi.py ====
disk 1: from tower A   to tower C
disk 2: from tower A   to tower B
disk 1: from tower C   to tower B
disk 3: from tower A   to tower C
disk 1: from tower B   to tower A
disk 2: from tower B   to tower C
disk 1: from tower A   to tower C
disk 4: from tower A   to tower B
disk 1: from tower C   to tower B
disk 2: from tower C   to tower A
disk 1: from tower B   to tower A
disk 3: from tower C   to tower B
disk 1: from tower A   to tower C
disk 2: from tower A   to tower B
disk 1: from tower C   to tower B
disk 5: from tower A   to tower C
disk 1: from tower B   to tower A
disk 2: from tower B   to tower C
disk 1: from tower A   to tower C
disk 3: from tower B   to tower A
disk 1: from tower C   to tower B
disk 2: from tower C   to tower A
disk 1: from tower B   to tower A
disk 4: from tower B   to tower C
disk 1: from tower A   to tower C
disk 2: from tower A   to tower B
disk 1: from tower C   to tower B
disk 3: from tower A   to tower C
disk 1: from tower B   to tower A
disk 2: from tower B   to tower C
disk 1: from tower A   to tower C
```

图 6-6   5 阶汉诺塔的求解过程

从 5 阶汉诺塔求解过程中可以看出，总共移动了 31 = 25 - 1 次圆盘。递归程序是这样解决问题的：如果要移动的只有一个圆盘，就可以直接从 A 移动到 C；如果移动的多于 1 个圆盘，则将上面的 n - 1 个圆盘先移动到 B，直接移动底下那个最大的，再把中转放到 B 的 n - 1 个圆盘移动到 C 去。这样就将一个复杂的 n 阶问题分解为了两个稍微简单的 n - 1 阶问题，再加一次移动操作。所以总的移动次数的递推公式可以表达为 h(n) = 2*h(n - 1) + 1。求解这个公式，可以得到 h(n) = 2n - 1，因此 n 阶汉诺塔的圆盘移动次数，最少需要 2n - 1 次。如果不用递归函数，这个问题的求解程序最少需要 100 行代码。

6.6.2 间接递归

函数可以在任意处被调用，如果有两个函数相互调用对方，就形成了间接调用自身的情况，在本质上仍然是递归调用。这种调用也可以在多个函数间形成，A 调用 B，B 调用 C，C 调用 D，…，Z 调用 A。下面考察一个简单的间接递归问题，判断一个数的奇偶性。

【例 6-23】 奇偶判断的递归实现。

```
#6-23.py
def is_even(n):
    if n == 0:
        return True
    else:
        return is_odd(n-1)


def is_odd(n):
    if n == 0:
        return False
    else:
        return is_even(n-1)
```

从上面的代码中可以看出，is_even()和 is_odd()相互调用对方，每次调用都依赖于一个原则：若 n - 1 为奇数，则等价于 n 为偶数；若 n - 1 为偶数，则等价于 n 为奇数。把规模为 n 的问题降解到 n - 1，最终降解到一个特殊值 0，才得以最终解决。

6.6.3 递归的本质

对比下面的代码：

```
while True:
    print(1234)
    print(5678)


def func()
    print(1234)
    print(5678)
```

```
    func()

func()
```

while True 程序段和 func()函数的调用没有任何区别，因此递归的本质就是循环。当不设置终止条件时，递归就是死循环。因此，在用递归方式解决问题时，必须在代码中构造如下两个必要部分。

(1) 终止条件。递归函数必须有一个明确的终止条件，否则递归永远不会结束。如同数学归纳法有一个基础步作为假设的前提，后面的归纳才能展开。这个终止条件一般写在 if 程序段中。

(2) 递归降解。每一次递归调用，必须保证问题规模在不断降解。一般递归函数都会带有一个表示问题规模的参数，这个参数代表了求解问题的复杂程度，比如求阶乘函数里的 n 值，或者是汉诺塔问题中的圆盘数目。递归函数每递进调用一层，传递进去的参数值必须发生改变(一般是减小)向着终止条件靠拢，保证问题逐步得到解决，绝不能反方向。这样才能使得问题规模不断缩小，前面的例子中求阶乘用的递推公式是 n*fact(n－1)，显然(n－1)! 比 n!更容易求解。

一般来说，在程序编写时，递归函数的使用有利有弊。有利之处在于代码书写简单，增强了程序的可读性，而弊病在于递归过程中系统不断地进行函数的调用和返回，会增加时间开销，降低程序的执行效率，同时也带来比较大的存储开销。

6.7　函 数 模 块

使用函数最大的一个好处是可以将函数代码块与主程序分离，通过给函数指定描述性名称，极大地增强主程序的可读性。编程人员还可以进一步将函数存储到被称为模块的独立文件中，再将模块导入到主程序，就可以轻松地调用这些函数了。所有的模块，不论是标准库还是第三方库模块，都可以使用 import 语句导入。

通过将函数存储在独立的文件中，可以隐藏程序代码的细节，不但让程序员将重点放在程序的高层逻辑上，还能让程序员在众多不同的程序中重用函数。将函数存储在独立文件中后，可以与其他程序员共享这些文件而不是整个程序。导入模块的方法有多种，下面对每种都作一下简要的介绍。

1. 导入整个模块

模块是扩展名为 .py 的文件，包含要导入到程序中的代码。下面来创建一个包含函数 make_pizza()的模块。为此，我们将文件 pizza.py 中除函数 make_pizza()之外的其他代码都删除，只要函数定义部分。

```
def make_pizza(size, *toppings):
    """概述要制作的比萨"""
    print("\nMaking a " + str(size) + "-inch pizza with the following toppings:")
    for topping in toppings:
```

```
        print("- " + topping)
```

接下来，我们在 pizza.py 所在的目录中创建另一个名为 making_pizzas.py 的文件，在这个文件中导入刚创建的模块，再调用 make_pizza()两次。

```
import pizza

pizza.make_pizza(16, 'pepperoni')
pizza.make_pizza(12, 'mushrooms', 'green peppers', 'extra cheese')
```

Python 在读取这个文件时，代码行 import pizza 让 Python 打开文件 pizza.py，并将其中的所有函数都复制到这个程序中。使用者并不能看到复制的代码，因为在这个程序运行时，Python 在幕后复制这些代码。使用者只需知道在 making_pizzas.py 中可以使用 pizza.py 中定义的所有函数即可。

```
Making a 16-inch pizza with the following toppings:
- pepperoni

Making a 12-inch pizza with the following toppings:
- mushrooms
- green peppers
- extra cheese
```

要调用被导入的模块中的函数，可指定导入模块的名称 pizza 和函数名 make_pizza()，并用句点分隔它们。这些代码的输出与没有导入模块的原始程序相同。

这种导入方法是：只需编写一条 import 语句并在其中指定模块名，就可在程序中使用该模块中的所有函数。如果程序员使用这种 import 语句导入了名为 module_name.py 的整个模块，就可使用下面的语法来使用其中任何一个函数。

```
module_name.function_name()
```

2. 导入特定的函数

程序员还可以导入模块中的特定函数，导入方法的语法如下：

```
from module_name import function_name
```

通过用逗号分隔函数名，可根据需要从模块中导入多个函数：

```
from module_name import function_0, function_1, function_2
```

对于前面的 making_pizzas.py 示例，如果只想导入需要的函数，代码如下所示：

```
from pizza import make_pizza

make_pizza(16, 'pepperoni')
make_pizza(12, 'mushrooms', 'green peppers', 'extra cheese')
```

若使用这种语法，调用函数时就无须使用句点。由于在上面的代码中的 import 语句显式地导入了函数 make_pizza()，因此调用时只须指定其名称。

3. 使用 as 给函数指定别名

如果要导入的函数的名称与程序中现有的名称冲突，或者函数的名称太长，可指定简短而独一无二的别名——函数的另一个名称，类似于外号。要给函数指定这种特殊外号，需要在导入时就这样做。

下面给函数 make_pizza()指定了别名 mp()。这是在 import 语句中使用 make_pizza as mp 实现的，关键字 as 将函数重命名为程序员提供的别名。别名是一种个性化的名字，对于程序员来说更为熟悉，或者在某个特定领域中尤为合适。

```
from pizza import make_pizza as mp


mp(16, 'pepperoni')
mp(12, 'mushrooms', 'green peppers', 'extra cheese')
```

上面的 import 语句将函数 make_pizza()重命名为 mp()；在这个程序中，每当需要调用 make_pizza()时，都可简写成 mp()，而 Python 将运行 make_pizza()中的代码，这可避免与这个程序可能包含的函数 make_pizza()混淆。指定别名的通用语法如下：

```
from module_name import function_name as fn
```

4. 使用 as 给模块指定别名

使用者同样也可以给模块指定别名。通过给模块指定简短的别名(如给模块 pizza 指定别名 p)，让使用者能够更轻松地调用模块中的函数。相比于 pizza.make_pizza()，p.make_pizza()则更为简洁。

```
import pizza as p


p.make_pizza(16, 'pepperoni')
p.make_pizza(12, 'mushrooms', 'green peppers', 'extra cheese')
```

上述 import 语句给模块 pizza 指定了别名 p，但该模块中所有函数的名称都没变。调用函数 make_pizza()时，可编写代码 p.make_pizza()而不是 pizza.make_pizza()，这样不仅能使代码更简洁，还可以让程序员不再关注模块名而专注于描述性的函数名。这些函数名明确地指出了函数的功能，对于理解代码而言，它们比模块名更重要。

给模块指定别名的通用语法如下：

```
import module_name as mn
```

5. 导入模块中的所有函数

使用星号(*)运算符可让 Python 导入模块中的所有函数。

```
from pizza import *


make_pizza(16, 'pepperoni')
make_pizza(12, 'mushrooms', 'green peppers', 'extra cheese')
```

import 语句中的星号让 Python 将模块 pizza 中的每个函数都复制到这个程序文件中。由于导入了某个函数，可通过名称来调用该函数，而无须使用句点表示法。然而，在使用并非自己编写的大型模块时，最好不要采用这种导入方法。如果模块中有函数的名称与正在设计的项目中使用的名称相同，可能导致意想不到的结果：Python 可能在遇到多个名称相同的函数或变量时覆盖函数，而不是分别导入所有的函数。

最佳的做法是，要么只导入需要使用的函数，要么导入整个模块并使用句点表示法，让代码更清晰，更容易阅读和理解。大部分 Python 程序员喜欢采用下面这种形式的 import 语句：

```
from module_name import *
```

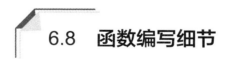

6.8　函数编写细节

在编写函数时，有一些命名和书写方面的细节需要注意，以确保代码的清晰、可维护和高效。

1. 函数文档字符串

应给函数指定描述性名称，且只在其中使用小写字母和下划线。描述性名称可帮助程序员和其合作者明白代码想要做什么。文档字符串(docstring)用于描述函数的用途和使用方法，通常放在函数定义的第一行。

```
def greet(name):
    """
    向用户问好
    参数:
    name (str): 用户的名字
    返回:
    None
    """
    print(f"Hello, {name}!")
```

在函数定义后，用三引号 """ 括起来的字符串是文档字符串。文档字符串用于描述函数的功能、参数和返回值，帮助其他开发者理解函数的用法。在上例中，文档字符串描述了函数的用途，参数 name 的类型和含义，以及函数的返回值。文档字符串在实际开发中非常重要，它可以提高代码的可读性和可维护性。

2. 函数命名

函数命名应当清晰明了，最好能准确地描述函数的功能。通常使用小写字母和下划线分隔单词。

```
def calculate_area(radius):
    """计算圆的面积"""
    return 3.14159 * radius * radius
```

函数名 calculate_area 使用小写字母和下划线，描述了函数的功能计算面积。在绝大部分情况下，函数代表一个功能操作，所以函数名称最好使用动宾结构，动词与宾语之间用下划线隔开，在调用的时候就可以简单通过函数名称来理解函数的功能和参数。

3. 避免使用全局变量

尽量避免在函数中使用全局变量，以减少其副作用，提高代码的可维护性。可以通过参数传递数据，或者使用返回值传递结果。

```
global_value = 10

def modify_value(x):
    global global_value
    global_value += x

modify_value(5)
print(global_value)    #输出: 15
```

上述代码首先在函数的外部定义了一个全局变量 global_value 并赋初值 10。进入函数体后，先声明 global_value 是一个全局变量，然后通过 global_value += x 修改全局变量的值，这就是函数的全部功能。最后使用 modify_value(5)调用函数，传递参数 5，在函数执行时将 global_value 增加 5。

在简单程序中，全局变量不会太多，处理过程也不会太复杂，程序员能清楚地了解每个全局变量的每一次改变。当程序规模很大时，如果在很多函数中都直接修改全局变量的值，会导致程序结构混乱，容易出错。所以虽然全局变量有时是必要的，但在大多数情况下，应该尽量避免使用全局变量，而应通过参数和返回值在函数之间传递数据。

4. 函数功能单一性

一个函数应该只完成一项任务，这样可以提高函数的可读性和可维护性。如果函数变得过于复杂，应该考虑将其拆分为多个小函数。

```
def calculate_area(radius):
    """计算圆的面积"""
    return 3.14159 * radius * radius

def calculate_circumference(radius):
    """计算圆的周长"""
    return 2 * 3.14159 * radius
```

calculate_area()函数只负责计算圆的面积，而 calculate_circumference()函数只负责计算圆的周长。每个函数都有单一的职责。将计算面积和计算周长的功能分开，使得每个函数的功能清晰明确，提高了代码的可读性和可维护性。

5. 使用注释

在函数内部使用注释可以提高代码的可读性，帮助用户理解代码的逻辑和功能。注释应简洁明了，不要过于冗长。

```
def calculate_area(radius):
    """计算圆的面积"""
    #使用圆周率 3.14159 计算面积
    area = 3.14159 * radius * radius
    return area
```

在函数内部添加注释 "#使用圆周率 3.14159 计算面积" 描述计算步骤。注释使得函数内部的逻辑更加清晰，便于其他开发者理解，从而增强了函数的可读性。

6. 函数测试

编写函数时，应当编写相应的测试代码，确保函数能够正确处理各种输入，并返回预期的结果。可以使用 assert 语句进行简单的测试，或者使用单元测试框架如 unittest。

【例 6-24】　用 assert 语句测试函数功能的正确性示例。

```
#6-24.py
def add(a, b):
    """返回两个数的和"""
    return a + b


#测试代码
assert add(3, 5) == 8
assert add(-1, 1) == 0
assert add(0, 0) == 0


print("所有测试通过")
```

在函数 add() 定义完成后，接连使用三条 assert 语句来对 add() 函数进行测试，如果三个测试全部通过，则输出"所有测试通过"。通过编写测试代码，可以在修改代码时确保函数的正确性，避免引入新的错误。

7. 关键字参数书写

给形参指定默认值时，等号两边不要有空格。

```
def function_name(parameter_0, parameter_1='default value')
```

函数调用中的关键字实参也应遵循这种约定。

```
function_name(value_0, parameter_1='value')
```

8. 形参表过长

PEP 8 建议代码行的长度不要超过 79 个字符，这样只要编辑器窗口适中，就能看到整行代码。如果形参很多，导致函数定义的长度超过了 79 个字符，可在函数定义中输入左括号后按回车键，并在下一行按两次 Tab 键，从而将形参列表和只缩进一层的函数体区分开来。

大多数编辑器都会自动对齐后续参数列表行，使其缩进程度与最前面代码中给第一个参数列表行指定的缩进程度相同：

```
def function_name(
        parameter_0, parameter_1, parameter_2,
        parameter_3, parameter_4, parameter_5):
    function body...
```

9. 良好的书写习惯

在编写程序的过程中，如果程序或模块中包含多个函数，可使用两个空行将相邻的函数分开，这样将更容易知道前一个函数在什么地方结束，下一个函数从什么地方开始。此外，除了描述整个程序的注释，所有的 import 语句都应放在文件开头。

本 章 小 结

本章主要介绍了以下内容：对函数的简单认识、函数的定义、函数的调用与返回值、函数参数，高阶函数和递归函数，阐述了如何通过 import 语句来调用其他模块中的函数，并就函数编写以及一些代码书写习惯和原则问题进行了探讨，遵循这些习惯可以使得程序的结构良好、可读性强。本章重点讲解了函数调用时参数传递的四种方式：位置参数、关键字参数、默认参数和不定长参数，以及直接递归和间接递归这两种递归形式，分析了递归的本质，进而归纳出编写递归函数需要注意的问题。

课 后 思 考

函数是程序员在程序设计时经常使用的一种语言成分。熟练掌握常用的 Python 内建函数，合理地定义和使用函数，熟悉第三方库函数调用接口，对于提高程序员的编程水平，拓宽编程应用领域，有着极为重要的意义。

1. Python 中的函数有哪几种是定义来源的？
2. 函数接口包含哪些部分？
3. 在函数调用时，怎样实现关键字参数、默认参数和不定长参数？
4. 函数调用时，如果不想传递进去的列表被函数改变，应该怎样做？
5. 如何调用第三方库中的函数模块？
6. 在编写函数时，有哪些细节问题是值得注意的？

第 7 章

文 件 与 异 常

文件处理和异常管理是编程实践中的核心技能。文件处理使程序能够执行数据的存储与检索，而有效的异常管理确保程序在遇到错误及意外情况时依然能够稳定运行。本章详细地介绍了文件的读取、写入和管理，通过实例演示了如何打开、读取、写入和关闭文件。此外，本章还深入探讨了异常处理技术，通过学习如何捕捉和处理这些异常，读者可以编写更加健壮和可靠的 Python 程序。

7.1 初识 Python 文件操作

程序与数据的交互是软件开发中的核心部分。无论是读取数据进行处理，还是将结果写入文件保存，掌握如何安全地操作文件对于开发任何实用程序都至关重要。Python 提供了一系列内置函数和方法，这些功能使得文件的读取和写入变得直观且易于控制。本节将介绍打开、读取、写入和关闭文件等基础知识。

7.1.1 Python 中的文件和文件类型

文件是长期存储在计算机存储介质上的数据集合。通过文件，程序可以持久保存数据，使之能在不同的运行周期甚至在不同的计算设备之间共享和传递信息。文件可以包含文本、图片、音频、视频或其他数据格式。根据数据的编码方式和用途，文件主要分为文本文件和二进制文件两种类型。

文本文件存储的是可以直接阅读的字符数据，比如普通文本 .txt、HTML、源代码或 .csv 文件等。这些文件通常用于记录文本信息或表格数据，并使用特定的字符编码(如 ASCII、UTF-8、GBK 等)将字符转换为字节。

二进制文件不同于以纯文本格式存储的文件，它包含的是编码为二进制的数据。这种文件格式通常用于存储应用程序数据、多媒体文件(如图片、音频、视频)、可执行程序等。由于它们包含的是二进制数据，因此不能直接使用普通文本编辑器查看其内容，而是需要特定的软件或开发工具来解析和编辑。在操作系统中，文件通过文件系统组织，每个文件都有唯一的文件名和路径，以便用户和程序能够轻松地存取。

7.1.2 打开和关闭文件

在 Python 中，对文件的操作涉及三个主要步骤：打开文件、操作文件以及关闭文件。下面详细介绍文件的打开和关闭。

通常，文件被永久存储在外部存储设备上，若要进行处理，首先需加载到内存中，这样 CPU 才能对其进行操作。这一加载过程可以通过 Python 内置的 open()函数完成，该函数负责打开文件，并实现该文件与一个程序变量的关联。open()函数格式如下：

```
<变量名>=open(filename[,mode][,encoding=None])
```

open()函数主要有三个参数：文件名 filename、打开模式 mode 和文件编码方式 encoding。filename 是唯一一个必需的参数，表示打开的文件的名称或路径；mode 用于控制使用何种方式打开文件，open()函数提供了 7 种基本的打开模式，如表 7-1 所示；encoding 指文本文件的编码方式，如 "utf-8"，而对于二进制文件不应设置此参数。

表 7-1 文件的打开模式

打开模式	描 述
'r'	只读模式。这是默认模式，如果文件不存在，会抛出一个异常
'w'	只写模式。如果文件存在，则覆盖；如果文件不存在，则创建
'x'	独占创建模式。如果文件存在，操作失败
'a'	追加模式。如果文件存在，从末尾追加内容；否则，创建新文件
'b'	二进制模式。用于非文本文件，如图片、视频等
't'	文本模式。默认模式，用于处理文本文件
'+'	更新模式。用于读写操作。可结合其他模式使用，如 'r+'

在上述打开模式中，还可以将 'r'、'w'、'x'、'a' 和 'b'、't'、'+' 进行组合，使用这些组合模式来满足不同的文件操作需求。主要有：

(1) 'rb'：以二进制格式打开一个文件用于读写。文件指针会放在文件的开头。例如，打开一个名为 "myfile.jpg" 的图像文件：

```
textfile=open('myfile.jpg', 'rb')
```

(2) 'wb'：以二进制格式打开一个文件只用于写入。如果该文件已存在会被覆盖，如果该文件不存在，会创建新文件。

(3) 'a+'：打开一个文件用于读写，如果该文件已存在，文件指针将会放在文件的末尾。也就是说，文件是以追加模式打开的。如果文件不存在，则创建新文件用于读写。

下面给出一个示例如例 7-1 所示，分别演示如何在 Python 中打开文本文件和二进制文件。这两种文件类型的主要区别在于处理数据的方式：文本文件被处理为字符串，而二进制文件被处理为字节序列。

在这个例子中，首先用文本编辑器在当前目录下生成名为 example.txt 的文本文件，文件内容为 "hello, python"，再将图片文件 "hua.jpg" 拷贝到当前目录下。接着使用 open 函数打开 example.txt 文本文件和 hua.jpg 二进制文件，读取其内容，并打印输出。如果文件不存在，会抛出 FileNotFoundError 异常。

【例 7-1】 打开文本文件和二进制文件示例。

【参考代码】

```
#7-1.py

#打开当前目录下文本文件 example.txt 并读取内容
file_path = 'example.txt'
file=open(file_path, 'r',encoding='utf-8')
content = file.read()
print(content)
file.close()

#打开当前目录下二进制文件并读取内容
file_path = 'hua.jpg'
file=open(file_path, 'rb')
byte_content = file.read()
print(byte_content[:20])   #仅为了示例，打印前 20 个字节
file.close()

#打开当前目录下文本文件并读取内容
file_path = 'example01.txt'
file=open(file_path, 'r',encoding='utf-8')
content = file.read()
print(content)
file.close()
```

程序运行结果如下：

```
hello,python
b'\xff\xd8\xff\xe1?\xfeExif\x00\x00MM\x00*\x00\x00\x00\x08'
Traceback (most recent call last):
  File "C:/Users/WangYing/AppData/Local/Programs/Python/Python37/例7-1.py", line 15, in <module>
    file=open(file_path, 'r')
FileNotFoundError: [Errno 2] No such file or directory: 'example01.txt'
>>>
```

上述例子中，"rb"表示以二进制只读模式打开文件。由于我们以二进制模式打开
hua.jpg 文件，因此读取的内容是字节数据(bytes 对象)而不是字符串。

当完成文件操作后，要使用 close()方法关闭文件，以释放系统资源，使用格式如下：

`<变量名>.close()`

未关闭的文件有可能会导致内存泄露，对系统性能产生影响。

为了简化文件的关闭操作，Python 提供了 with 语句，允许以一种更为安全的方式来处
理文件对象。使用 with 语句可以自动管理文件的打开和关闭，即使在文件操作过程中发生
异常，也能确保文件正确关闭。with 语句的用法如下：

```
with open(filename, mode,encoding=None) as file:
    #操作打开的文件
```

其中，filename 为文件名或文件路径，mode 为文件打开模式，encoding 为文件编码方式，file 为变量名(文件对象名)。

【例 7-2】 使用 with 语句示例。

【参考代码】

```
# 7-2.py
file_path = 'D://example01.txt'        #打开 D 盘根目录下文本文件 example01.txt 并读取内容
with open(file_path, 'r',encoding='utf-8') as f:
    content = f.read()
    print(content)
```

运行结果如下：

```
我爱你中国
```

7.1.3　读写文件

1. 读文件

在 Python 中，当文件被打开，获得文件对象后，可以使用它提供的方法来读取内容。常用的读取方法如下：

(1) read(size=-1)：读取并返回文件中的指定数量的数据。当 size 省略或者指定为负数时，会读取并返回整个文件的内容。如果给出了 size，则最多读取 size 个字符(在文本模式下)或 size 个字节(在二进制模式下)。

(2) readline(size=-1)：读取下一行。

(3) readline(size=-1)：读取下一行，如果指定了 size，可能只返回该行的一部分。

(4) readlines()：读取文件的每一行，返回一个包含各行作为元素的列表。

下面演示如何应用上述方法来从文件中读取数据。假设我们有一个文本文件 example. txt，其内容如下：

```
    江雪
千山鸟飞绝，
万径人踪灭。
孤舟蓑笠翁，
独钓寒江雪。
```

【例 7-3】 读文件方法示例。

【参考代码】

```
1    #7-3.py
2    #使用 read()方法
3    file_path = 'example.txt'
4    file=open(file_path, 'r', encoding='utf-8')
5    content = file.read()
```

```
6    print(content)          #打印所有内容
7    file.close()
8
9    #使用 readline()方法
10   file_path = 'example.txt'
11   file=open(file_path, 'r', encoding='utf-8')
12   line = file.readline()
13   print(line)             #打印当前第一行
14   line = file.readline()
15   print(line)             #打印第二行
16   file.close()
17
18   #使用 readlines()方法
19   file_path = 'example.txt'
20   file=open(file_path, 'r', encoding='utf-8')
21   lines = file.readlines() #将文件的每一行读取到一个字符串列表
22   print(lines)            #打印列表内容
23   file.close()
```

程序运行结果如下：

```
    江雪
  千山鸟飞绝,
  万径人踪灭。
  孤舟蓑笠翁,
  独钓寒江雪。
    江雪

  千山鸟飞绝,

['    江雪\n', '千山鸟飞绝, \n', '万径人踪灭。\n', '孤舟蓑笠翁, \n', '独钓寒江雪
。']
>>>
```

在上述示例代码中，用读模式打开文件后，从代码第 12 行开始连续两次调用 readline()
方法，依次读出文件中的前两行。如果文件包含更多行，可以使用 for 循环按行读出文件
内容。代码第 21 行调用 readlines()方法以列表的形式返回整个文件的内容，其中一行对应
一个列表元素，这里每一行的字符串包含了换行符 "\n"。

请注意，当需要逐行读取大文件时，应避免使用 read()或 readlines()，因为它们会将整
个文件内容加载到内存中。使用迭代器逐行遍历文件对象更为高效。

2. 写文件

和读操作类似，Python 语言也定义了相应的方法用来在程序中写文件。不过写入文件
之前，需确保文件以写入 'w'、追加 'a' 或读写 '+' 模式打开。Python 提供的写入方法包括：

(1) write(string)：将字符串写入文件。

(2) writelines(lines)：将一个元素全为字符串的列表写入文件。

【例 7-4】 使用 write()方法写入文件。

【参考代码】

```
#7-4.py
#打开文件以写入，如果文件不存在则创建它
with open('sample.txt', 'w', encoding='utf-8') as file:
    file.write('自古逢秋悲寂寥\n')                  #写入一行文本到文件
    file.write('我言秋日胜春朝\n')                  #再写入另一行文本
```

上述示例使用了 with 语句自动管理文件的打开和关闭，'sample.txt' 是要写入数据的文件名，'w' 模式表示写入模式，如果文件已存在会被覆盖，encoding='utf-8' 确保文件编码为 UTF-8，适合多语言内容。代码首先打开(或创建)名为 sample.txt 的文件以供写入('w')，然后，使用 write()方法写入两行文本。每行文本后面都手动添加了一个换行符(\n)来确保文本按预期显示在不同行上。运行完后，打开 Python 当前目录，可以看到创建的文件 sample.txt 以及文件内容，如图 7-1 所示。

图 7-1 使用 write()方法写入文件

如果有多行文本需要写入，使用 writelines()方法很有用。

【例 7-5】 使用 writelines()方法批量写入行。

【参考代码】

```
#7-5.py
#准备要写入的几行文本
lines = ['晴空一鹤排云上\n', '便引诗情到碧霄\n', '秋词其一\n']
with open('sample.txt', 'a', encoding='utf-8') as file:      #打开文件以追加内容
    file.writelines(lines)                                   #一次性写入多行文本
```

上述代码示例首先准备了一个字符串列表，每个元素都是将要写入文件的一行，且每行末尾都已经包含了换行符 '\n'。然后，使用 with 语句以追加模式('a')打开 sample.txt 文件，并调用 writelines()将所有行一次性写入文件末尾。程序运行完后打开文件可以看到如图 7-2

所示内容。

图 7-2 使用 writelines()方法批量写入行

7.2 操作 CSV 文件

逗号分隔值(Comma-Separated Values,CSV)文件是一种常用的文本文件格式,用于存储表格数据。它以简单的格式表示由行和列组成的数据表,其中每一行代表表中的一条记录,而每行内的数据则通过特定的分隔符(通常是逗号)来区分不同的字段(列)。CSV 文件简洁、易读、易写,被广泛应用于数据的导入导出、数据的交换和存储等场景。

CSV 文件可以被多种编程语言直接处理,也可以用任何文本编辑器查看,还可以利用表格处理软件(如 Microsoft Excel、Google Sheets 等)直接打开。作为 CSV(逗号分隔值)文件,它通常具备以下特点:

(1) 文本格式:CSV 文件是纯文本文件,可以使用任何文本编辑器打开,不包含任何格式化数据或字体、颜色设置。

(2) 字段分隔符:通常情况下,每条记录的字段之间由逗号(,)分隔。但是,在某些情况下,也可能使用其他字符作为字段分隔符,如分号(;)、制表符(\t)等。

(3) 每行一条记录:CSV 文件中的每一行通常代表一条记录,且每行记录的字段数应保持一致。

(4) 可选的表头:CSV 文件的第一行可以是表头,用于描述每个字段的含义,例如 Name、Age、Occupation 等。表头是可选的,但在包含表头时,所有记录也应该与表头中的字段一一对应。

(5) 文本限定符:为了处理字段内容中可能包含的分隔符、换行符等特殊字符,CSV

文件可以使用文本限定符(通常是双引号)来包围字段内容。例如，"Smith, John", "29", "Software Developer"，这里双引号允许"Smith, John"中的逗号被正确识别为字段内容的一部分，而不是字段分隔符。

(6) 字符编码：CSV 文件可以使用不同的字符编码(如 UTF-8、ASCII 等)。在跨平台交换文件时，保持字符编码的一致性是非常重要的，以避免出现乱码问题。

(7) 兼容性和灵活性：CSV 文件由于其简单和文本的性质，拥有良好的兼容性，可以被多种程序和服务读取，如数据库程序、电子表格软件(Excel、Google Sheets 等)、文本编辑器和各种编程语言。

以下是一个简单的 CSV 文件示例 characters.csv。在这个例子中我们使用逗号(,)作为字段分隔符，并将数据分为三列：Name(名字)、Role(角色)和 Feature(特点)。characters.csv 文件内容如下：

```
Name,Role,Feature
孙悟空,弟子,会七十二变
唐僧,师傅,西天取经的唐朝和尚
猪八戒,弟子,擅用九齿钉耙
沙僧,弟子,擅长使用流沙河的金箍棒
白龙马,坐骑,龙王的第三子
```

上述 characters.csv 文件，用 Excel 打开后的界面如图 7-3 所示。

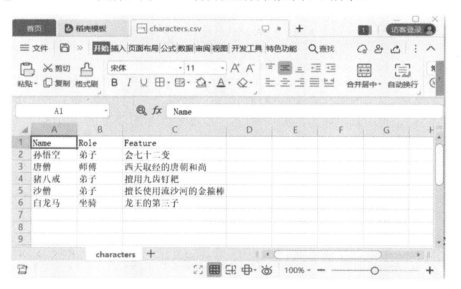

图 7-3　用 Excel 打开 characters.csv 文件

7.2.1　读取 CSV 文件内容

在 Python 中，读写 CSV 文件通常会用到标准库中的 CSV 模块。该模块提供了丰富的功能来简化 CSV 文件的处理过程，其中包括操作 CSV 格式最基本的功能，csv.reader()和 csv.writer()。若要读取 CSV 文件，可以使用 csv.reader 对象的 reader()方法，该对象将 CSV

文件的每一行转换为一个列表(List)。

下面以读取上节中的 characters.csv 文件为例来讲解 reader 对象的具体使用。该代码会逐行读取 characters.csv 文件中的内容，并将每一行作为一个列表输出。

【例 7-6】 使用 csv.reader()读文件。

【参考代码】

```python
#7-6.py
import csv
#打开 CSV 文件
with open('characters.csv', mode='r', encoding='utf-8') as csvfile:
        csvreader = csv.reader(csvfile)          #创建 csv.reader 对象
        for row in csvreader:                    #迭代 csv.reader 对象(每一行数据)
                print(row)                       #打印当前行(row 是一个列表)
```

运行结果如下：

```
['Name', 'Role', 'Feature']
['孙悟空', '弟子', '会七十二变']
['唐僧', '师傅', '西天取经的唐朝和尚']
['猪八戒', '弟子', '擅用九齿钉耙']
['沙僧', '弟子', '擅长使用流沙河的金箍棒']
['白龙马', '坐骑', '龙王的第三子']
>>>
```

7.2.2 写入内容到 CSV 文件

如果要写入 CSV 文件，可以使用 csv.writer 对象，该对象提供了将数据写入 CSV 文件的方法 writerow()。writerow()方法表示将列表存储的一行数据写入文件。下面以一个简单的 CSV 文件写入为例来讲解 writerow()方法的使用。

【例 7-7】 使用 csv.writerow()写文件。

【参考代码】

```python
#7-7.py
import csv
#角色信息列表
characters = [
    ['Name', 'Role', 'Feature'],
    ['孙悟空', '弟子', '能七十二变，有火眼金睛'],
    ['唐僧', '师傅', '西天取经的唐朝和尚'],
    ['猪八戒', '弟子', '憨厚可爱，擅用九齿钉耙']
]
#打开(或创建)CSV 文件进行写入
with open('new_characters.csv', mode='w', encoding='utf-8',newline='') as csvfile:
        csvwriter = csv.writer(csvfile)          #创建 csv.writer 对象
        for character in characters:             #逐行写入数据
```

csvwriter.writerow(character)

在这段代码中，首先创建了一个名为 new_characters.csv 的文件(如果文件已存在，则被覆盖)，然后通过 csv.writer 对象将角色信息一行一行写入该文件。这里需要注意，打开文件时加入了 newline='' 参数，是为了防止在写入文件时每行之间出现额外的空行，这是在处理 CSV 文件时的一种常见做法。在执行上述代码后，使用 Excel 软件打开 new_characters.csv 文件，如图 7-4 所示。

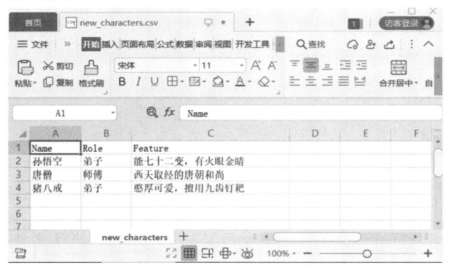

图 7-4　用 Excel 打开 new_characters.csv 文件

7.3　异常和异常处理

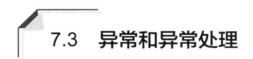

错误是程序运行过程中不可避免的一部分，正确地预测和处理可能出现的错误是提升程序健壮性的关键。Python 的异常处理框架提供了一种结构化的解决方案来识别错误来源，并根据错误情况恢复或终止程序操作。本节将学习如何利用 try-except 语句捕获并响应特定错误。

7.3.1　异常

异常(Exception)是程序执行时发生的错误，通常指示了某些不正常的情况或错误的出现。异常可以由程序自身的错误引起，也可以由外部因素引起，比如文件不存在、网络连接失败等。在大多数编程语言中，包括 Python，异常处理是一项重要的功能，因为它允许开发者预见可能的错误，并为这些错误情况提供应对策略，从而保证程序的稳定性和可靠性。

在 Python 中，不同的异常用来描述不同的错误场景。Python 语言有以下几种常见的内置异常。

(1) SyntaxError：语法错误，是代码不符合编程规范造成的。

(2) TypeError：类型错误，当操作或函数应用于不适当类型的对象时抛出。

(3) NameError：当尝试访问一个未被定义的变量时抛出。

(4) FileNotFoundError：当尝试访问一个不存在的文件时抛出。

(5) ValueError：当一个操作或函数接收到有正确类型但不合适的参数时抛出。

(6) IndexError：在使用序列索引时，如果索引超出了序列的范围，会抛出此异常。

(7) ZeroDivisionError：当除数为零时，会引发此异常。

(8) KeyError：当使用映射中不存在的健时，会引发此异常。

7.3.2 异常处理

异常处理是指预见和处理程序执行中可能出现的异常情况，避免程序因错误而非正常结束。在 Python 语言中，异常处理是通过 try、except、else、finally 语句块来完成的。其完整的语法格式如下：

```
try:
    尝试执行的代码
except 异常类型 1:
    处理异常类型 1
except 异常类型 2:
    处理异常类型 2
else:
    如果没有异常发生执行的代码
finally:
    无论是否有异常发生都会执行的代码
```

(1) try 语句：用于包裹可能引起异常的代码。

(2) except 语句：当 try 语句块中的代码触发异常时，程序会立即跳转到相应的 except 语句块执行。可以设置多个 except 块来捕获不同类型的异常。

(3) else 语句(可选)：如果没有异常发生，将执行 else 块中的代码。

(4) finally 语句(可选)：无论是否发生异常，finally 块中的代码都将被执行。常用于执行一些清理工作，如关闭文件等。

【例 7-8】 Python 异常处理示例。

【参考代码】

```python
#7-8.py
try:
    #可能引发异常的代码
    result = 10 / 0
except ZeroDivisionError:
    #捕获除以 0 的异常
    print("Caught an error: division by zero.")
else:
    #没有异常时执行
```

```
        print("Result is", result)
finally:
        #总会执行的代码块
        print("Executing the final block.")
```

运行结果如下：

```
Caught an error: division by zero.
Executing the final block.
```

在上述示例中，由于除数为 0，在尝试进行除 0 操作时，引发了一个 ZeroDivisionError 异常。except 块捕获了这个异常，并打印了一条错误消息。由于捕获到了异常，else 块中的代码将不会被执行。不过，无论是否捕获到异常，finally 块中的代码都会被执行。

在下面的例子中，将尝试打开一个不存在的文件，并通过异常处理来捕获这个错误，最后确保打印出"操作完成"这样的消息。

【例 7-9】　文件打开异常处理示例。

【参考代码】

```
#7-9.py
try:
        #尝试打开一个不存在的文件
        with open("不存在的文件.txt", "r") as file:
                content = file.read()
                print(content)
except FileNotFoundError:
        #如果文件未找到，打印错误信息
        print("文件未找到，请检查文件路径。")
finally:
        #无论是否发生了异常，都会执行的代码
        print("操作完成。")
```

程序运行结果如下：

```
文件未找到，请检查文件路径。
操作完成。
```

在上述示例中，try 块尝试执行打开文件的操作，这是一个可能会引发 FileNotFoundError 异常的操作。如果文件不存在，则 try 块中的代码会触发 FileNotFoundError 异常，程序控制流会转到 except FileNotFoundError 块。在 except 块中，程序打印了一个友好的错误消息，而不是让整个程序因为一个未捕获到的异常而终止。不论是否捕获到异常，finally 块都会被执行，提示用户"操作完成"。这可以用于释放资源，比如关闭文件、网络连接等。

从例 7-8 和例 7-9 可以看出，异常是编程中常见的，它表示了程序执行过程中的错误或不正常的情况。通过有效地处理异常，可以增强程序的健壮性和可靠性，避免因为未被处理的错误而导致程序崩溃。Python 通过 try、except、else、finally 语句提供了强大的异常处理机制，使得问题的调试和修复更为直接。

7.4 文件与异常的应用实例

在之前的章节中，我们学习了如何在 Python 中进行文件操作和异常处理。引入异常处理可以大大提高程序的健壮性，特别是在涉及到文件操作时。文件操作通常涉及到许多可能出错的地方，例如文件可能不存在、磁盘空间不足或权限问题。通过异常处理，我们可以优雅地处理这些错误，而不是让程序突然崩溃。在这一节中，我们将通过两个实例来展示如何在实际应用中将文件操作和异常处理结合起来。

【例 7-10】 数据写入并处理权限异常。

【参考代码】

```python
#7-10.py
def write_data_to_file(file_path, data):
    """函数用于写入数据到文件，并处理权限和空间不足等异常。"""
    try:
        with open(file_path, 'w') as file:
            file.write(data)
            print("Data written successfully to the file.")
    except PermissionError:
        print(f"Error: Permission denied for writing to the file at {file_path}.")
    except IOError as e:
        print(f"Error: Failed to write to the file due to an IO error: {e}")


#示例数据和路径
sample_path = 'example02.txt'
sample_data = 'Hello, this is a test.'
write_data_to_file(sample_path, sample_data)
```

例 7-10 演示了如何将数据写入到一个文件中，并且如何通过异常处理机制来处理写入过程中可能遇到的错误。

函数 write_data_to_file 的目标是把给定的数据 data 写入到 file_path 指定的文件中。此过程确保即使在出现错误(如权限不足或 IO 错误)时，程序也能合理地给出反馈，而不是直接崩溃。try 块内的代码尝试打开文件并写入数据。with open(file_path, 'w') as file 语句的 with 用来打开文件，这样可以确保文件在操作完成后正确关闭。'w' 表示以写入模式打开文件，如果文件已存在则覆盖，如果不存在则创建。file.write(data)指明将字符串 data 写入文件。在成功写入数据后，输出确认消息 "Data written successfully to the file."。

except PermissionError 语句用于在尝试打开文件时发生权限错误，比如当前用户没有写入指定文件的权限，这时将捕获 PermissionError 并打印相应的错误消息。except IOError as e 语句用于捕获与输入输出相关的其他错误，如磁盘空间不足等。此处捕获的异常存储在变量 e 中，并与错误消息一起打印出来。

图 7-5 所示的为本实例正常运行后，目录中的文件变化和 example02.txt 文件中的内容。

图 7-5　例 7-10 正常运行结果图

下面的应用实例将展示如何读取一个包含学生信息和成绩的 CSV 文件，如何进行基础的数据处理，以及如何处理可能发生的异常。

【例 7-11】　假设 grades.csv 文件中存放若干个学生的成绩，其格式是每行包括学生姓名、课程名字和该学生的成绩，编写程序读取 grades.csv 文件中的信息，统计分析学生每门课程的平均成绩并打印出结果。假设 grades.csv 的内容如下：

```
Name,Course,Grade
Alice,Math,85
Bob,Math,78
Alice,History,90
Bob,History,85
...
```

【参考代码】

```python
#7-11.py
import csv

def calculate_average_grades(filename):
    """读取 CSV 文件并计算每门课程的平均成绩。"""
    try:
        grades = {}
        with open(filename, mode='r', newline='') as file:
            reader = csv.reader(file)
```

```
                next(reader)                #跳过标题行
                for row in reader:
                    if len(row) != 3:
                        continue          #如果行数据不完整，则跳过
                    name, course, grade = row
                    if course not in grades:
                        grades[course] = []
                    try:
                        grades[course].append(float(grade))
                    except ValueError:
                        print(f"Warning: Invalid grade '{grade}' for student {name} will be skipped.")

                #计算每个课程的平均成绩并打印
                for course, grades_list in grades.items():
                    if grades_list:
                        average = sum(grades_list) / len(grades_list)
                        print(f"{course}: Average grade is {average:.2f}")
                    else:
                        print(f"{course}: No valid grades available.")

        except FileNotFoundError:
            print(f"Error: The file '{filename}' does not exist.")
        except PermissionError:
            print(f"Error: Permission denied to read the file '{filename}'.")
        except Exception as e:
            print(f"An unexpected error occurred: {e}")

#指定文件路径
filename = 'grades.csv'
calculate_average_grades(filename)
```

在例 7-11 中，函数 calculate_average_grades(filename)的主要功能是计算并输出每门课程的平均分数。程序使用了 try 块来尝试执行可能引发异常的操作。csv.reader(file)语句用于创建一个读取器对象，逐行读取 CSV 文件中的数据。next(reader)用于跳过文件的第一行(通常是标题行)。程序使用了 for 循环处理每行数据，在循环遍历文件中的每一行时，将行数据赋给 name、course、grade 三个变量，检查每一行是否包含完整的三个数据项，若不完整则跳过。对于读取的数据，将成绩转换为浮点数并添加到相应课程的成绩列表中。如果成绩无法转换为浮点数，则输出警告并跳过该成绩。另外，程序对于文件不存在异常(FileNotFoundError)和权限错误(PermissionError)进行了捕捉并报告其他可能未被预期的异常。

本 章 小 结

　　文件操作和异常处理是编程中的基础知识点，正确理解和使用这些概念对于开发高质量的软件至关重要。本章首先介绍了如何在 Python 中高效安全地执行文件的打开、读写和关闭操作，然后介绍了针对 CSV 文件如何使用 reader 对象和 writer 对象进行文件读写操作。最后，本章还介绍了异常的概念，以及如何处理程序在运行过程中可能遇到的各种异常情况。

课 后 思 考

　　1. 假设你正在开发一个应用程序，需要从用户指定的文件中读取数据。请编写一个函数，该函数接受文件名作为参数，并能安全地读取该文件的内容。你需要确保函数能够处理以下情况：

　　(1) 文件不存在。

　　(2) 用户无权限读取文件。

　　(3) 文件读取过程中发生其他未知错误。

　　请确保在发生任何异常时，函数都不会导致程序崩溃，并且能够提供给用户清晰的错误信息。

　　2. 假设你有一个文本文件 students.txt，里面包含了学生的姓名和成绩，每行一个学生信息，姓名和成绩之间用逗号分隔。请编写一个 Python 程序，读取这个文件，然后计算并打印出所有学生的平均成绩。在实现这个任务的过程中，请确保脚本能够处理以下几种异常情况：

　　(1) 文件不存在。

　　(2) 文件的格式不正确(例如：缺少逗号、成绩不是数字等)。

　　对于每种异常情况请提供明确的错误消息并说明发生了什么问题。

第8章

中文文本分析基础与相关库

自然语言处理(NLP)是人工智能领域的核心问题之一，在中文自然语言处理方面，分词是一项至关重要的基础工作。与英文不同，中文的句子通常不带明确的词语分隔符，而且存在着丰富的词组和成语，这给文本处理和分析带来了一定的挑战。为了更好地处理中文文本数据，我们需要利用专门的分词工具将句子切分成一个个独立的词语单位，以便机器能更高效、更准确地进行文本挖掘、信息检索等工作。本章介绍了一个目前流行的分词工具 jieba 及其相关库，并通过实例展示了它们的具体工作过程及效果。

8.1 中文分词 jieba 库

作为一款由 Python 编写的中文分词工具，jieba 库以其高效、简单易用的特点，成为了中文自然语言处理领域的重要工具之一。它不仅可以对中文文本进行精准的分词，还支持词性标注、关键词提取等功能，为中文文本的分析和处理提供了强大的支持，库的主要函数如表 8-1 所示。

表 8-1   jieba 库函数

函　　数	描　　述
jieba.cut(t)	精确模式，通过迭代器的方式逐个返回分词结果
jieba.cut(t,cut_all=True)	全模式，会尽可能多地将文本中的词语都进行分词
jieba.cut_for_search(t)	搜索引擎模式，既考虑准确性，又尽量多切分词语
jieba.lcut(t)	精确模式，返回一个列表类型的结果
jieba.lcut(t,cut_all=True)	全模式，返回一个列表类型的结果
jieba.lcut_for_search(t)	搜索引擎模式，返回一个列表类型的结果
jieba.add_word(w)	向分词词典中添加新词 w

下面从中文分词、词性标注、关键词提取、用户词典支持四个方面介绍 jieba 库的功能。

8.1.1　中文分词

所谓分词，就是将连续的字序列按照一定的规范重新组合成语义独立的词序列的过

程。作为表意文字的代表——中文和字母文字的代表——英文，二者在分词的难度上存在显著差别。英文的单词之间以空格作为自然分界符，而中文只是在字、句和段上通过明显的分界符来简单划界，在词这个层面上却没有一个形式上的分界符，虽然英文也同样存在短语的划分问题，不过在词这一层上，中文比英文要复杂、困难得多。在众多中文分词工具中，jieba 库是一款备受欢迎的开源工具，它提供了高效、灵活的中文分词功能，成为了中文文本处理的重要工具之一。jieba 库具有多种分词模式、支持用户自定义词典、能够进行词性标注等特性，适用于各种文本处理和分析任务。

Jieba 组件安装十分便捷，仅需在命令行执行全自动安装命令 pip install jieba 即可。当需要使用时先输入代码 import jieba 进行引用库操作。

以下是 jieba 库中分词函数的使用案例。

【例 8-1】 精确模式分词。尽可能精确地切分句子。

```
>>>import jieba
>>>t = "我家大门常打开"
>>>words = jieba.cut(t)                    #返回一个可迭代类型
>>>print(' '.join(words))
我家 大门 常 打开
>>> words = jieba.lcut(t)                   #返回一个列表类型
>>>print(words)
['我家', '大门', '常', '打开']
```

【例 8-2】 全模式分词。尽可能地将可以成词的词语都扫描出来。

```
>>>import jieba
>>>t = "我家大门常打开"
>>>words = jieba.cut(t , cut_all = True)    #返回一个可迭代类型
>>>print(' '.join(words))
我 家 大门 常打 常打开 开
>>> words = jieba.lcut(t ,cut_all = True)   #返回一个列表类型
>>>print(words)
['我', '家', '大门', '常打', '常', '打开', '开']
```

【例 8-3】 搜索引擎模式分词。结合以上两种模式，尽可能精确且尽可能全面的分词。

```
>>>import jieba
>>>t = "梅西成名于西班牙的巴塞罗那足球俱乐部"
>>>words = jieba.lcut(t)                    #精确模式
>>>print(words)
['梅西', '成名', '于', '西班牙', '的', '巴塞罗那', '足球', '俱乐部']
>>> words = jieba.lcut(t, cut_all=True)     #全模式
>>>print(words)
['梅', '西', '成名', '于', '西班牙', '的', '巴塞', '巴塞罗那', '塞罗', '罗那', '足球', '俱乐部']
>>> words = jieba.lcut_for_search(t)        #搜索引擎模式
>>>print(words)
```

['梅西', '成名', '于', '西班牙', '的', '巴塞', '塞罗', '罗那', '巴塞罗那', '足球', '俱乐部']

8.1.2　词性标注

词性标注是自然语言处理中的重要任务之一，它涉及对文本中每个词语所表达的语法和语义信息进行准确分类的过程。通过对文本中的词语进行词性标注，我们能够更深入地理解文本的结构和含义，为后续的文本分析和处理提供重要支持。

在词性标注中，每个词语都被赋予一个特定的词性标签，例如名词、动词、形容词等，以反映其在句子中的作用和语法功能。例如，"天明今天去了图书馆"。通过词性标注，我们可以知道"天明"是一个名词，表示一个人的名字，并不代表时间；"今天"是一个时间词，表示时间；"去了"是一个动词，表示动作；"图书馆"也是一个名词，表示地点。通过词性标注，我们就可以更清晰地理解这句话。这些标签不仅仅是对词语本身的描述，还能够揭示词语与词语之间的关系，从而为词义消歧、句法分析等任务奠定基础。在 jieba 库中，词性标注使用的是中国科学院计算技术研究所提供的《中文词性标注集》。常用的词性编码及含义如表 8-2 所示。

表 8-2　常用的词性编码及含义

词性编码	含　义
n	名词
nr	人名
ns	地名
v	动词
a	形容词
m	数量词
p	介词

【例 8-4】　在使用词性标注时，需要导入 jieba.posseg 模块。

```
#8-4.py
import jieba.posseg as pos
text = "我周末去了动物园看大象"
words=pos.cut(text)
for ele in words:
    print(ele,end=' ')
```

运行结果如下：

```
我/r 周末/t 去/v 了/ul 动物园/n 看/v 大象/n
```

【例 8-5】　利用词性标注对文本中的某一类词性进行筛选。

```
#8-5.py
import jieba.posseg as pos
```

```
        text="我计划今年夏天去欧洲旅行,首站是法国的巴黎,那里有埃菲尔铁塔和卢浮宫等著名景点。接
着我会前往意大利的罗马,游览古老的斗兽场和梵蒂冈城。然后我会去西班牙的巴塞罗那,感受地中海
的阳光和海风。最后我会去德国的慕尼黑,品尝正宗的德国啤酒和香肠。这次旅行将是一次充满异国风
情的奇妙之旅。"
        words=pos.cut(text)
        locations = []
        for word, flag in words:
                if flag == 'ns':                    #利用词性编码进行筛选
                        locations.append(word)
        print("筛选出的地名有: ", locations)
```

运行结果如下:

筛选出的地名有: ['欧洲', '法国', '巴黎', '意大利', '罗马', '梵蒂冈城', '西班牙', '巴塞罗那', '地中海', '德国', '德国']

8.1.3 关键词提取

在处理文本数据时,识别关键信息是非常重要的。关键词提取是一种常见的文本处理技术,它能够自动地从文本中提取出具有重要意义的词语或短语,帮助我们快速了解文本的主题和内容。通过关键词提取,我们可以从海量的文本数据中快速发现和识别出关键信息,为后续的文本分析、信息检索等任务提供重要支持。

关键词提取技术广泛应用于各种文本处理场景,包括文本摘要生成、舆情分析、信息检索等。例如,在文本摘要生成中,关键词提取可以帮助我们识别出文本中最重要的概念和信息,从而生成更具有代表性和信息丰富度的摘要内容。在舆情分析中,关键词提取可以帮助我们识别出文本中的热点话题和关键事件,从而使我们了解社会舆论的动向和趋势。在信息检索中,关键词提取可以帮助我们识别用户查询中的关键词,从而精准匹配相关的文档和信息。

在 jieba 库中,常用的关键词提取算法主要包括 TF-IDF 和 TextRank 算法。TF-IDF 算法是一种常用的文本特征提取方法,它通过计算词语在文档中的频率和在整个语料库中的逆文档频率来评估词语的重要性。而 TextRank 算法是一种基于图的排序算法,它利用词语之间的相互关系构建图,并通过迭代计算词语的权重来确定关键词。

【例 8-6】 TF-IDF 算法。

```
#8-6.py
import jieba.analyse
text = "旅游业是世界各国经济发展的重要组成部分,随着人们生活水平的提高和旅游意识的增强,
旅游行业迎来了快速发展的时期。各地优美的自然风光、丰富的人文历史和多样化的文化体验吸引着众
多游客的目光。从世界知名的旅游胜地如巴黎的埃菲尔铁塔、埃及的金字塔到国内的杭州西湖、张家界
武陵源,每一个景点都承载着独特的魅力和故事。旅游不仅能够带给人们愉悦和放松,还能增进不同地
域之间的交流与理解,促进文化的多元融合。"
```

```
#topk 表示返回关键词最大个数，withWeight 表示是否返回关键词权重值
keywords = jieba.analyse.extract_tags(text, topK=5, withWeight=True)
print("关键词及其权重：")
for keyword, weight in keywords:
        print(keyword, weight)
```

运行结果如下：

```
关键词及其权重：
旅游 0.27906777080086953
埃菲尔铁塔 0.18136787378115943
武陵源 0.16670699100289854
文化 0.14750798271971013
张家界 0.14694894980144926
```

【例 8-7】　TextRank 算法。

```
#8-7.py
import jieba.analyse
text = "旅游业是世界各国经济发展的重要组成部分，随着人们生活水平的提高和旅游意识的增强，
旅游行业迎来了快速发展的时期。各地优美的自然风光、丰富的人文历史和多样化的文化体验吸引着众
多游客的目光。从世界知名的旅游胜地如巴黎的埃菲尔铁塔、埃及的金字塔到国内的杭州西湖、张家界
武陵源，每一个景点都承载着独特的魅力和故事。旅游不仅能够带给人们愉悦和放松，还能增进不同地
域之间的交流与理解，促进文化的多元融合。"
keywords = jieba.analyse.textrank(text, topK=5, withWeight=True)
print("关键词及其权重：")
for keyword, weight in keywords:
        print(keyword, weight)
```

运行结果如下：

```
关键词及其权重：
旅游 1.0
文化 0.6852172237722076
世界 0.6118212352652663
人们 0.554912534261145
发展 0.4948205932413547
```

　　由两个示例的返回结果可以看出，TF-IDF 算法和 TextRank 算法由于侧重点不同而返回不同的结果。TF-IDF 算法倾向于选择在当前文本中频繁出现的词语作为关键词；TextRank 算法在提取关键词时，考虑了词语之间的连接关系，更加注重词语之间的全局信息。

8.1.4　用户词典支持

　　在分词过程中，我们可以使用 jieba.add_word() 函数将新词语添加到分词词典中，也可

以指定自己预定义的词典，来帮助 jieba 划分不易识别的词语，提高开发效率。

【例 8-8】 引入新词的用法。

```
>>>import jieba
>>>text = "张教授是信息工程系系主任也是人工智能领域的知名专家"
>>>words = jieba.lcut(text)                    #使用精确模式
>>>print(words)
['张', '教授', '是', '信息工程', '系', '系主任', '也', '是', '人工智能', '领域', '的', '知名', '专家']
>>>jieba. add_word('张教授')                    #添加新词
>>>jieba. add_word('信息工程系')
>>>words = jieba.lcut(text)
>>>print(words)
['张教授', '是', '信息工程系', '系主任', '也', '是', '人工智能', '领域', '的', '知名', '专家']
```

在使用精确模式分词后发现，"张教授"和"信息工程系"被错误地拆分了。此时，我们可以通过添加新词的方式，让 jieba 对分词词典进行更精确的划分。

当我们要添加的新词比较多时，可以使用自定义的词典来分词，并通过创建文本文件"mydict.txt"写入我们要用到的新词。

【例 8-9】 将"张教授"和"信息工程系"写入到"mydict.txt"文本文件中并导入到 jieba 中。

```
>>>import jieba
>>>jieba.load_userdict("mydict.txt")
>>>text="张教授是信息工程系系主任也是人工智能领域的知名专家"
>>>words = jieba.lcut(text)
>>>print(words)
['张教授', '是', '信息工程系', '系主任', '也', '是', '人工智能', '领域', '的', '知名', '专家']
```

8.2　词云(wordcloud)库

词云(wordcloud)是一种可视化技术，用于展示文本数据中词语的频率或重要性。它通过将文本中出现频率较高的词语以视觉上吸引人的方式展现出来，从而直观地展示文本的主题和关键信息。作为 Python 语言中非常优秀的第三方库，wordcloud 库常被用在文本数据的关键词展示、文本摘要、主题分析等场景中，为用户提供了一种直观、有趣的方式来理解文本数据。

对于 wordcloud 库的安装，我们可以在文件下载路径的目录中执行命令 pip install wordcloud。当我们需要使用时，仅需在代码中 import wordcloud(导入库)即可。wordcloud 库中常用的函数及参数如表 8-3 所示。

表 8-3　wordcloud 常用函数及参数

函　　　数	含　　义
WordCloud()	返回一个 wordcloud 对象
wc.generate(text)	根据给定的文本数据生成词云图
wc.generate_from_frequencies(frequencies[, …])	根据词频字典生成词云图
wc.to_file(filename)	将生成的词云图保存为图片文件
wc.set_font(font_path)	设置词云图的字体文件路径
wc.set_mask(mask)	设置词云图的形状遮罩
wc.set_background_color (color)	设置词云图的背景颜色
wc.set_width(width)	设置词云图的宽度
wc.set_height(height)	设置词云图的高度
wc.set_stopwords(stopwords)	设置停用词列表
min_font_size: int	显示的最小字体大小
max_font_size: int	显示的最大字体大小
max_words: int	要显示的词的最大数量
relative_scaling:float	词频和字体大小的关联性

8.2.1　词语词频统计

在通过词云更加清晰直观地获取文本中的信息时，我们需要对文本中的词语词频进行统计。首先，引用习近平总书记在重庆召开新时代推动西部大开发座谈会所发表的内容中的一段作为我们的分析文本并写入 "Test_text.txt" 文本中，如图 8-1 所示。

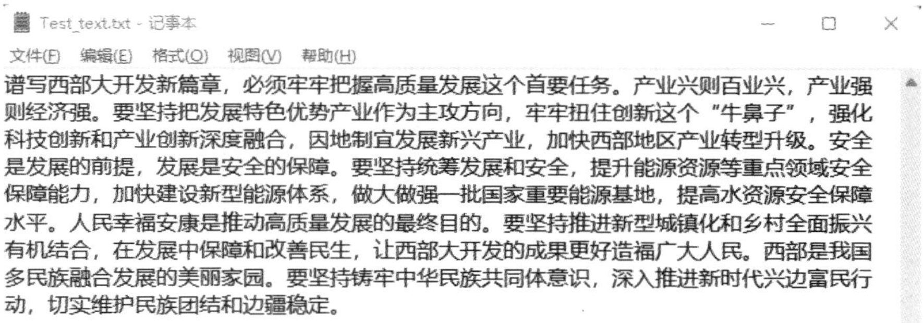

Test_text.txt - 记事本

文件(F)　编辑(E)　格式(O)　视图(V)　帮助(H)

谱写西部大开发新篇章，必须牢牢把握高质量发展这个首要任务。产业兴则百业兴，产业强则经济强。要坚持把发展特色优势产业作为主攻方向，牢牢扭住创新这个 "牛鼻子"，强化科技创新和产业创新深度融合，因地制宜发展新兴产业，加快西部地区产业转型升级。安全是发展的前提，发展是安全的保障。要坚持统筹发展和安全，提升能源资源等重点领域安全保障能力，加快建设新型能源体系，做大做强一批国家重要能源基地，提高水资源安全保障水平。人民幸福安康是推动高质量发展的最终目的。要坚持推进新型城镇化和乡村全面振兴有机结合，在发展中保障和改善民生，让西部大开发的成果更好造福广大人民。西部是我国多民族融合发展的美丽家园。要坚持铸牢中华民族共同体意识，深入推进新时代兴边富民行动，切实维护民族团结和边疆稳定。

图 8-1　"Test_text.txt" 文本

接下来我们进行词频统计。

【例 8-10】　词频统计。

【参考代码】

```
#8-10.py
import jieba
from collections import Counter                #导入 Counter 模块来统计
```

```
jieba.load_userdict("mydict.txt")
with open("Test_text.txt","r",encoding="utf-8")as file:
        text=file.read()
seg_list = jieba.cut(text)
final_seg_list=[word for word in seg_list if word not in "，。！？、"]
word_counts = Counter(final_seg_list)                    #统计词频
print(word_counts.most_common(20))                       #输出词频最高的前 20 个词语
```

运行结果如下：

```
[('发展', 9), ('和', 5), ('安全', 5), ('的', 5), ('西部', 4), ('产业', 4), ('要', 4), ('坚持', 4), ('是', 4), ('保障', 4),
('大', 3), ('创新', 3), ('能源', 3), ('开发', 2), ('牢牢', 2), ('高质量', 2), ('这个', 2), ('强', 2), ('加快', 2), ('新型', 2)]
```

我们导入了 collections 库中的 Counter 计数模块方便统计词频，在输出的结果中，词语逗号后面紧跟的就是该词语的出现频率。

8.2.2　词云的可视化展示

有了包含词语和词频的词典后，我们可以对其进行词云的可视化展示，具体如下：

【例 8-11】　制作词云。

```
#8-11.py
from wordcloud import WordCloud
wordcloud = WordCloud(
        font_path='C:\windows\Fonts\simhei.ttf',        #设置宋体路径
        width=800,height=400,
        background_color='white').generate_from_frequencies(word_counts)
wordcloud.to_file("result_cloud.png")
```

程序运行完毕后，会生成如图 8-2 所示的词云。

图 8-2　"result_cloud.png"

由于"发展""和""安全"等关键词的词频较高，所以其在词云中比较醒目。

8.2.3　自定义配置

词云自定义配置可以涵盖诸多方面，如字体样式、词语数量限制、词语颜色设置等，通过灵活运用这些配置选项，我们可以创造出形态各异、富有个性的词云图。下面将介绍如

何利用这些配置选项实现词云图的个性化定制,为我们的文本数据赋予更加出色的表现力。

我们利用枫叶图(图 8-3)来为词云更改形状遮罩,同时将字体改为楷体。具体代码见例 8-12。

图 8-3　"leaf.png" 枫叶图

【例 8-12】　自定义词云。

```
#8-12.py
from imageio import imread
from wordcloud import WordCloud
pic_shape=imread('leaf.png')                    #获取图片形状
wordcloud = WordCloud(font_path='C:\Windows\Fonts\simkai.ttf',
    width=800,height=400,mask=pic_shape,
    background_color='white').generate_from_frequencies(word_counts)
    #word_counts 为包含关键词和词频的词典
wordcloud.to_file("leaf_cloud.png")
```

输出的图片如图 8-4 所示。

图 8-4　"leaf_cloud.png"

代码按照图 8-3 中枫叶的形状来排布关键词,得到了一个更生动且形象的词云图片。

8.3   社交关系网络分析 networkx 库

社交网络分析是一种研究社会关系和网络结构的方法，通过对个体之间的连接模式和关系特征进行分析，揭示社会网络的结构、功能和动态。在社交网络中，个体(节点)之间的关系(边)可以是各种类型的，如友谊关系、合作关系、信息传播关系等。社交网络分析旨在探索人们之间的相互联系、信息流动和影响传播等，以及揭示这些联系和流动的规律、特征和动态变化。这种分析方法不仅可以帮助我们深入理解社会网络的结构和功能，还可以应用于其他多个领域，包括社会学、商业、政治、健康、科学研究等，为各种决策和行动提供支持和指导。

networkx 是一个用于创建、操作和研究复杂网络的 Python 第三方库。它提供了一组丰富的工具，可以帮助用户构建、可视化和分析各种类型的网络，包括社交网络、金融网络、生物网络等。用户可以进行节点和边的操作、节点中心性分析、社区发现等各种网络分析任务。无论是学术研究、数据科学还是工程应用，networkx 都提供了强大的工具，来帮助用户深入了解网络背后的模式和规律，从而为决策和行动提供支持。在本节中，我们将介绍 networkx 库的基本功能和用法，探讨如何利用 networkx 进行社交网络分析，同时我们需要利用 Matplotlib 库将关系网络图更加直观地呈现出来。有关 Matplotlib 库的使用见后续章节。

安装 networkx 需在系统命令行中执行命令 pip install networkx。networkx 库中的主要函数如表 8-4 所示。

表 8-4   network 库主要函数

函 数	含 义
nx.Graph()	创建一个空的无向图
nx.DiGraph()	创建一个空的有向图
G.add_node(node)	向图中添加节点
G.add_nodes_from(nodes)	向图中添加节点列表
G.add_edge(u, v)	向图中添加边
G.add_edges_from(edges)	向图中添加边列表
nx.get_node_attributes(G, 'attribute_name')	返回图中所有节点的指定属性
nx.get_edge_attributes(G, 'attribute_name')	返回图中所有边的指定属性
G.nodes()	返回图中所有节点的列表
G.edges()	返回图中所有边的列表
G.degree(node)	返回指定节点的度数
nx.shortest_path(G, source, target)	计算图中两个节点之间的最短路径
nx.draw_networkx_nodes(,...)	设置节点相关参数
nx.draw_networkx_edges(,...)	设置边相关参数
nx.draw_networkx_labels(,...)	设置图标标签参数

现在，我们尝试绘制一个社交关系网络图。假设有五个人，他们的名字和相互之间的关系密切程度如下面示例中的 lst 列表所示。我们可以根据他们的关系密切程度来绘制一张社交关系网络图，节点之间的关系越密切，边就越粗。

【例 8-13】　尝试绘制社交关系网络图。

```
>>>import networkx as nx
>>>import matplotlib.pyplot as plt
>>> plt.rcParams['font.sans-serif']=['SimHei']        #设置字体默认参数
>>>G = nx.Graph()                                     #创建一个空的无向图
>>>users = ['小王', '李四', '可可', '张三', '红红']
>>>G.add_nodes_from(users)                            #添加节点
>>>lst = [('小王', '李四', 3), ('李四', '可可', 4), ('李四', '张三', 5),
         ('可可', '张三', 2), ('张三', '红红', 6)]
>>>G.add_weighted_edges_from(lst)                     #添加带有权重的边
>>>weights = [G[u][v]['weight'] for u, v in G.edges()] #获取边权重信息
>>>plt.figure(figsize=(8, 6))                         #创建一个新的图形对象
>>>pos = nx.spring_layout(G)                          #定义网络布局
>>>nx.draw_networkx_nodes(G,pos,node_size=2000)
>>>nx.draw_networkx_edges(G, pos, width=weights)      #根据权重设置边粗细
>>>nx.draw_networkx_labels(G,pos,font_size=18)
>>>plt.axis('off')                                    #关闭坐标轴
>>>plt.title("社交关系网络图")                          #设置标题
>>>plt.show()                                         #显示图表
```

最终我们得到的结果如图 8-5 所示。

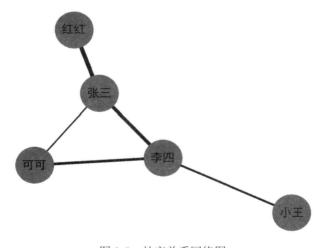

图 8-5　社交关系网络图

　　由图 8-5 我们可以看出"红红"和"张三"的关系密切程度最高，他们节点之间的边也相对更粗。凭借社交关系网络图我们可以更加清晰、直观地观察出个体之间的关系密切程度。

8.4　中文文本分析基础与相关库的应用实例

通过中文文本分析，可以帮助人们更好地理解和利用大量的中文文本数据，以促进信息化、智能化和创新性应用的发展。接下来我们将以我国四大名著之一的《水浒传》为例，对小说文本中的内容进行发掘和分析。

8.4.1　分词及词频统计

将提前准备好的《水浒传》txt 文本(图 8-6)读取到我们的字符串类型的变量 text 中，然后进行分词，并筛选出小说中的人物并统计其出现的次数。最终将结果输出到"词频.txt"中。具体如下所示。

```
水浒传.txt - 记事本                                    —    □    ×
文件(F)  编辑(E)  格式(O)  视图(V)  帮助(H)
话说大宋仁宗天子在位，嘉佑三年三月三日五更三点，天子驾坐紫宸殿，受百官朝贺。但见
：
祥云迷凤阁，瑞气罩龙楼。含烟御柳拂旌旗，带露宫花迎剑戟。天香影里，玉簪珠履聚丹墀
；仙乐声中，绣袄锦衣扶御驾。珍珠帘卷，黄金殿上现金舆；凤羽扇开，白玉阶前停宝辇。
隐隐净鞭三下响，层层文武两班齐。
当有殿头官喝道："有事出班早奏，无事卷帘退朝。"只见班部丛中，宰相赵哲、参政文彦
博出班奏曰："目今京师瘟疫盛行，伤损军民甚多。伏望陛下释罪宽恩，省刑薄税，以禳天
灾，救济万民。"天子听奏，急敕翰林院随即草诏：一面降赦天下罪囚，应有民间税赋悉皆
赦免；一面命在京宫观寺院，修设好事禳灾。不料其年瘟疫转盛。仁宗天子闻知，龙体不安
，复会百官计议。向那班部中，有一大臣越班启奏。天子看时，乃是参知政事范仲淹。拜罢
起居，奏曰："目今天灾盛行，军民涂炭，日夕不能聊生。以臣愚意，要禳此灾，可宣嗣汉天
师星夜临朝，就京师禁院修设三千六百分罗天大醮，奏闻上帝，可以禳保民间瘟疫。"仁宗
天子准奏。急令翰林学士草诏一道，天子御笔亲书，并降御香一炷，钦差内外提点殿前太尉
洪信为天使，前往江西信州龙虎山，宣请嗣汉天师张真人星夜来朝，祈禳瘟疫。就金殿上焚
起御香，亲将丹诏付与洪大尉为使，即便登程前去。
洪信领了圣敕，辞别天子，背了诏书，盛了御香，带了数十人，上了铺马，一行部从，离了
东京，取路径投信州贵溪县来。但见：
遥山叠翠，远木澄清。奇花绽锦绣铺林，嫩柳舞金丝拂地。风和日暖，时过野店山村；路直
沙平，夜宿邮亭驿馆。罗衣荡漾红尘内，骏马驱驰紫陌中。
且说太尉洪信赍擎御书丹诏，一行人从上了路途，不止一日，来到江西信州。大小官员出郭
迎接，随即差人报知龙虎山上清宫住持道众，准备接诏。次日，众位官同送太尉到于龙虎山
下。只见上清宫许多道众，鸣钟击鼓，香花灯烛，幢幡宝盖，一派仙乐，都下山来迎接丹诏
，直至上清宫前下马。太尉看那官殿时，端的是好座上清宫。但见：
青松屈曲，翠柏阴森。门悬敕额金书，户列灵符玉篆。虚皇坛畔，依稀垂柳名花；炼药炉边
```

图 8-6　"水浒传.txt"

【例 8-14】　分词筛出小说人物并统计词频。

【参考代码】

```
#8-14.py
import jieba
import jieba.posseg as pseg
from collections import Counter
f=open("水浒传.txt","r",encoding='utf-8')
text=f.read()
f.close
```

```
words = pseg.cut(text)                          #进行词性标注
#选择人物名词
characters = [wd.word for wd in words if wd.flag == 'nr' and len(wd.word)>1]
#利用 collections 库中的 Counter 函数统计词频
character_counts = Counter(characters)
#获取词频最高的前 20 个人物
top_characters = character_counts.most_common(20)
#将结果写入"词频.txt"文件
with open("词频.txt", "w", encoding="utf-8") as file:
        for character, count in top_characters:
                file.write(f"{character}: {count}\n")
```

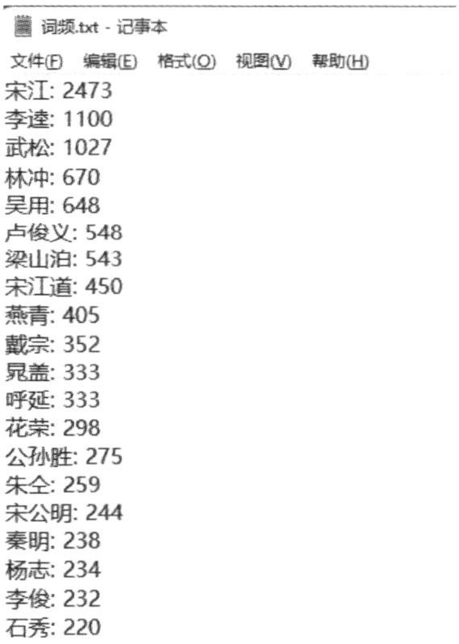

词频.txt - 记事本
文件(F)　编辑(E)　格式(O)　视图(V)　帮助(H)
宋江: 2473
李逵: 1100
武松: 1027
林冲: 670
吴用: 648
卢俊义: 548
梁山泊: 543
宋江道: 450
燕青: 405
戴宗: 352
晁盖: 333
呼延: 333
花荣: 298
公孙胜: 275
朱仝: 259
宋公明: 244
秦明: 238
杨志: 234
李俊: 232
石秀: 220

图 8-7　输出结果"词频.txt"

最终我们得到的结果如图 8-7 所示，但我们发现"梁山泊"并不属于人物名词，并且"呼延灼"的名字被错误地分词成了"呼延"，除此之外还有一些分词错误。所以我们需要在代码第七行词性标注之前添加自定义的词性标注词典"新词修改.txt"（图 8-8），并将第七至九行代码更改如下：

```
jieba.load_userdict("新词修改.txt")
words = pseg.cut(text)
init_characters = [wd.word for wd in words if wd.flag == 'nr'
                and len(wd.word)>1]
characters=['宋江' if char in ('宋公明', '宋江道')
                else
                '林冲' if char=='林教头'
                else
                '李逵' if char== '铁牛'
                else
```

```
'武松' if char=='武二郎'
else
'吴用' if char=='吴学究'
else
'高俅' if char=='高太尉'
else char for char in init_characters ]
```

新词修改.txt - 记事本

文件(F)　编辑(E)　格式(O)　视图(V)　帮助(H)
呼延灼 nr
梁山泊 ns
庄客 n
林教头 nr
铁牛 nr
武二郎 nr
吴学究 nr
高俅 nr

图 8-8　"新词修改.txt"

　　最终我们得到了更新的人物名词和词频排序结果，如图 8-9 所示。当然，编者并不是文学专家，对于这份名单是不是完全符合水浒传的实际我们并无把握。在这里我们只是介绍词频统计的一般方法，由于中文识别的难度较大，同一个人物在不同语境下有多种不同的称呼，有时该称呼又和前后词语相关联，在统计时很难做到完全准确。比如鲁智深，又叫鲁达、鲁提辖，绰号花和尚，有时候又简称提辖，但提辖又不止他一个，杨志也是提辖，这就要视语境而定了；鲁智深救了金氏父女，父女两人又称呼他为恩公，这也难以统计，因为恩公也是可以指代很多人的。还有其他情况，这里就不一一列举了。

词频.txt - 记事本

文件(F)　编辑(E)　格式(O)　视图(V)　帮助(H)
宋江: 3167
李逵: 1124
武松: 1029
吴用: 787
林冲: 694
卢俊义: 548
燕青: 410
高俅: 364
戴宗: 352
晁盖: 333
呼延灼: 328
花荣: 298
公孙胜: 275
朱仝: 259
秦明: 238
杨志: 234
李俊: 232
石秀: 220
王庆: 217
张清: 212

图 8-9　修改后的"词频.txt"

8.4.2　制作词云

我们可以利用词云将《水浒传》中的高频人物呈现出来，具体代码如下：

```
#8-15.py
from wordcloud import WordCloud
f=open("词频.txt",'r',encoding="utf-8")
text=f.read()
f.close
wdcloud= WordCloud(font_path='C:\Windows\Fonts\simkai.ttf',
        width=800, height=400,background_color='white').generate(text)
wdcloud.to_file("水浒主要人物图.png")
```

最终得到的结果如图 8-10 所示。

图 8-10　词云"水浒传主要人物图.png"

8.4.3　章回拆分及分析

水浒传共有 120 回，在这里我们将介绍如何利用前面介绍的相关技术对水浒传文本进行拆解，分析梁山泊众好汉的起伏和转折。

1. 章回拆分

在分析前，我们需要找到每一回的起始索引位置和结束索引位置来确定每一回的文字范围。代码如下：

```
#8-16.py
import re
f = open("水浒传.txt", "r", encoding="utf-8")
text=f.read()
f.close
#提取所有"第_回"的位置
init_chapter=re.findall("第[\u4E00-\u9Fa5]+回\n",text)
```

```
#去除不符合的字符
chapter=[word for word in init_chapter if len(word)<=8]
start_index=[]          #起始索引
end_index=[]                          #结束索引
for x in chapter:
        start_index.append(text.index(x))
#从第二元素开始赋值给结束索引，并以文本长度作为最后一回结束
end_index=start_index[1:]+[len(text)]
#将两个列表依次配对组成每回的起始、结束索引的元组
final_index=list(zip(start_index,end_index))
print(final_index)
```

最终，得到的每回的起始和结束索引如下：

```
[(5573, 18974), (18974, 26264), (26264, 36670), (36670, 44243), (44243, 51021), (51021, 58347), (58347, 63465), (63465, 70609), (70609, 76304),
(76304, 82393), (82393, 87787), (87787, 93027), (93027, 98167), (98167, 105049), (105049, 112875), (112875, 121176), (121176, 128606), (128606
, 136385), (136385, 143273), (143273, 153335), (153335, 159642), (159642, 166442), (166442, 184421), (184421, 190552), (190552, 199998), (19999
8, 205641), (205641, 211258), (211258, 216410), (216410, 223926), (223926, 231255), (231255, 241471), (241471, 248235), (248235, 256113), (2561
13, 264337), (264337, 271274), (271274, 279288), (279288, 287693), (287693, 298774), (298774, 305041), (305041, 314010), (314010, 321274), (321
274, 330965), (330965, 339428), (339428, 348967), (348967, 356257), (356257, 364469), (364469, 369596), (369596, 377632), (377632, 384375), (38
4375, 391549), (391549, 399838), (399838, 408209), (408209, 414552), (414552, 420493), (420493, 427104), (427104, 434230), (434230, 440991), (4
40991, 447201), (447201, 454418), (454418, 462332), (462332, 471727), (471727, 477796), (477796, 483621), (483621, 489535), (489535, 495397), (
495397, 502668), (502668, 509954), (509954, 515439), (515439, 520304), (520304, 526344), (526344, 531362), (531362, 538424), (538424, 545784),
(545784, 553164), (553164, 558210), (558210, 566008), (566008, 572661), (572661, 578132), (578132, 584211), (584211, 594164), (594164, 601910),
(601910, 610362), (610362, 617902), (617902, 625419), (625419, 633548), (633548, 639710), (639710, 645196), (645196, 652983), (652983, 659782)
, (659782, 665237), (665237, 670375), (670375, 675996), (675996, 680797), (680797, 687786), (687786, 690863), (690863, 695006), (695006, 698856
), (698856, 707554), (707554, 713765), (713765, 718518), (718518, 723107), (723107, 726333), (726333, 730985), (730985, 736992), (736992, 74160
5), (741605, 744210), (744210, 748572), (748572, 756754), (756754, 763621), (763621, 772175), (772175, 779857), (779857, 786537), (786537, 7938
3), (793873, 801881), (801881, 809438), (809438, 815797), (815797, 822189), (822189, 831889), (831889, 841401), (841401, 850438)]
```

2. 分析主要反派——"高太尉"

高俅作为主要的反面角色，与蔡京、童贯、杨戬同为《水浒传》的四大奸臣。高俅本是浮浪子弟，依靠自己左右逢源的处事能力和高超的蹴鞠本领，最终身居太尉。高俅与梁山泊不少英雄豪杰都闹下了矛盾，最著名的便是把林冲逼上梁山。他的出现推动了整个故事的发展，同时也引导着梁山众兄弟悲惨故事的结局。接下来我们统计高俅在每回中出现的次数。代码如下：

```
#8-17.py
import matplotlib.pyplot as plt
num_gaoqiu=[]
for x in range(120):
        start = final_index[x][0]
        end = final_index[x][1]
        num_gaoqiu.append(text[start:end].count("高俅")
            +text[start:end].count("高太尉"))
plt.rcParams['font.sans-serif'] = ['SimSun']     #设置全局字体参数
plt.figure(figsize=(18,4))
plt.plot(num_gaoqiu)
plt.xlabel("章回")
```

```
plt.ylabel("出现次数")
plt.legend
plt.title("高俅出现次数")
plt.show()
```

利用 Matplotlib 库，我们可以用折线图更直观地看到高俅的出现次数，如图 8-11 所示，结合实际统计数据，我们看到，高俅的身影贯穿了整个水浒传，在小说的前中后期都有很高的出场率，结合文本内容我们看到，高俅前期逼反了林冲，中后期曾经三次攻打梁山失败，最后又设计害死宋江和卢俊义，是北宋末期官逼民反的典型反面官员代表人物。

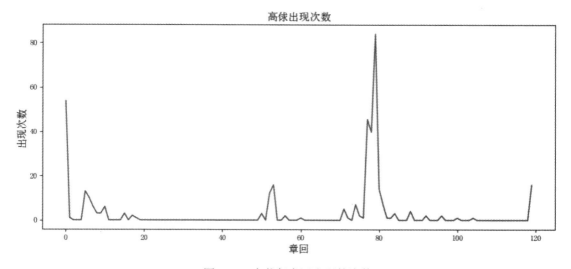

图 8-11　高俅每章回出现的次数

3. 分析段落篇幅

我们可以通过统计每回的段落数和字数来侧面推测出每章回故事的复杂和曲折程度，然后利用 Matplotlib 库中的散点图将结果呈现出来。代码如下：

```
#8-18.py
import matplotlib.pyplot as plt
num_para=[]                          #存放段落数
num_word=[]                          #存放字数
for x in range(120):
        start =final_index[x][0]
        end=final_index[x][1]
        num_para.append(text[start:end].count("\n"))
        num_word.append(len(text[start:end]))
plt.rcParams['font.sans-serif'] = ['SimSun']
plt.figure(figsize=(18,5))
```

```
plt.scatter(num_para,num_word)          #利用散点图分析
for x in range(120):
    #设置文本标签
    plt.text(num_para[x]-5,num_word[x]+50,chapter[x],size=7)
plt.xlabel("段落数",fontsize=14)
plt.ylabel("字数",fontsize=14)
plt.title("每回篇幅")
plt.show()
```

程序执行结果如图 8-12 所示。对于现代普通长篇小说而言，一般字数越多，段落数越多的章节，故事情节会更曲折，内容更精彩。那么古代经典小说是否也有这样的规律呢？现在观察该图中，靠近右方和上方的章回是否基本符合这个规律。水浒传 120 回，共计 84 万余字，平均每回 7000 余字。我们简单对照了回目，发现涉及水浒传中几位主要英雄人物的精彩故事的章回并不符合这个规律，比如第 22 回武松景阳冈打虎，第 28 回醉打蒋门神，第 9 回林教头风雪山神庙，第 10 回林冲雪夜上梁山，第 11 回杨志卖刀，第 7 回鲁智深大闹野猪林，都少于 7000 字，有的甚至只有 5000 余字；而第 15 回智取生辰纲，第 6 回鲁智深倒拔垂杨柳，第 2 回拳打镇关西，第 29 回武松大闹飞云浦，第 72 回李逵元夜闹东京，也只有 7000 余字。由此可见，我国古代经典小说重故事情节的铺陈和酝酿，到真正写关键环节的时候，反而篇幅精炼、言简意赅。

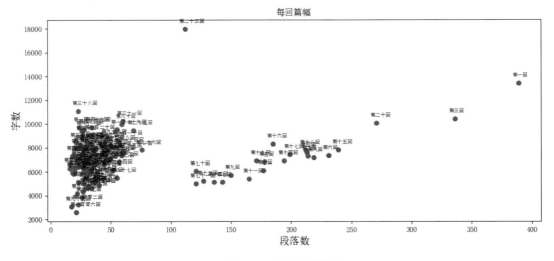

图 8-12　每章回篇幅

4. 人物社交关系分析

利用之前统计词频算出来的主要人物"词频.txt"来分析这 20 个人之间的亲疏关系，可以认为，在同一段落中出现的两个人之间一定存在某种联系。于是我们以段落为单位，统计两个人同时出现在同一段落中的次数。具体代码如下：

```
#8-19.py
import networkx as nx
import matplotlib.pyplot as plt
f = open("水浒传.txt", "r", encoding="utf-8")
text=f.read()
f.close
f=open("词频.txt", "r", encoding="utf-8")
name_text=f.read()
f.close
names=[]
#逐行读取文件内容
lines = name_text.split("\n")
#提取每行中的名字部分
names = [line.split(":")[0].strip() for line in lines if line.strip()]
relation={}
paragra=text.split('\n')
#统计同一段落中两个人名同时出现的次数
for para in paragra:
    for name1 in names:
        if (name1 in para):
            for name2 in names:
                if name2 in text and name1 !=name2 and
                    (name2,name1)not in relation:
                        relation[(name1,name2)]=
                        relation.get((name1,name2),0)+1
G=nx.Graph()
G.add_nodes_from(names)
for v,e in relation.items():
        G.add_edge(v[0],v[1],weight=e)
#获取边的权值
edge_weights = nx.get_edge_attributes(G, 'weight')
#将边的权值除以 200 作为边的宽度
edge_widths = [weight / 200 for weight in edge_weights.values()]
#绘制网络图
plt.figure(figsize=(15,15))
plt.rcParams['font.sans-serif']=['SimHei']
pos = nx.spring_layout(G)
```

```
nx.draw_networkx_nodes(G,pos,node_size=3000)
#根据权重设置边的粗细

nx.draw_networkx_edges(G, pos, width=(edge_widths))
nx.draw_networkx_labels(G,pos,font_size=18)
plt.axis('off')
plt.title("《水浒传》主要人物亲疏关系图")
plt.show()
```

最终，得到的结果如图 8-13 所示。从图中我们可以很容易分析出梁山 108 将中哪些人是以宋江为关键节点的核心成员。

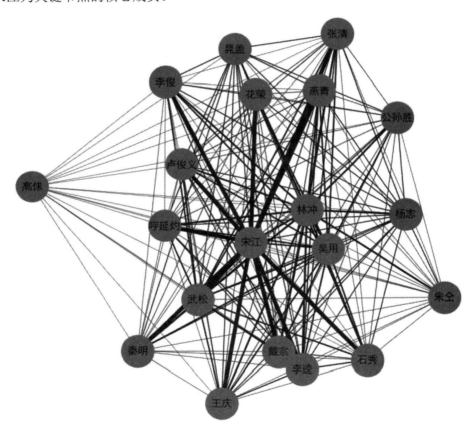

图 8-13　《水浒传》主要人物亲疏关系图

本 章 小 结

本章重点介绍了中文文本分析的一些基础知识，包括 jieba 库、wordcloud 词云和 networkx 库的使用方法。最后以《水浒传》为例，对其进行了深层次的解析和思考。希望读者也可以尝试利用中文文本分析来更深层次地解读自己喜欢的小说。

课 后 思 考

1. 将社交网络中的人物关系和其在文本中的情感倾向相结合，探索人物之间情感联系的变化对于社交网络的影响。例如，可以分析在社交网络中情感积极的人物是否更容易成为核心节点。

2. 可以通过观察关键词在不同时间段内的出现频率和人物之间的关联情况，揭示话题的兴衰和演化路径。

3. 结合文本中提到的地理信息和社交网络分析，研究地理位置对于社交网络结构的影响。可以分析地理位置信息与人物之间的关系，以及地理位置对于人物社交关系的形成和演化的影响。

第 9 章

数　据　处　理

　　NumPy 库、Pandas 库是 Python 中两个重要的科学计算库，它们之间有着密切的关联。NumPy 库提供了用于存储和处理数据的基本结构和函数，为数据分析和可视化打下了基础；Pandas 库提供了更高级的数据结构和数据操作功能，简化了数据处理的流程，使得数据分析更加高效。这两个第三方库为组织数据和展示数据提供了强大的支撑。Matplotlib 库则是一个功能强大的 Python 可视化库，提供了绘制图表和可视化数据的功能，能够帮助用户直观地展示数据，发现数据之间的关系和规律。

　　本章将主要介绍 NumPy 库、Pandas 库和 Matplotlib 库的使用方法。

9.1　NumPy 库基础

　　NumPy 库以强大的数组对象为基础，为用户提供了丰富的功能和工具。通过 NumPy 库，用户可以轻松地进行多维数组和矩阵运算，同时也可以利用其丰富的数学函数库进行各种数值计算和科学分析。NumPy 库的核心组件是 ndarray 对象，它是一个功能强大的 n 维数组对象，封装了相同类型的 n 维数组。这种设计使得 NumPy 库在处理大规模数据时表现出色，并且能够高效地执行编译过的代码，从而提高了运算效率。NumPy 库的出现极大地提高了 Python 在科学计算和数据处理领域的能力。作为数据科学、机器学习和科学计算的基石之一，NumPy 库的高效性和易用性使它成为专业开发人员和研究人员的首选。

　　NumPy 库有以下特点：

　　(1) 多维数组对象(ndarray)。NumPy 库的核心数据结构是 ndarray，它是一个多维数组对象，提供了高效存储和操作多维数据的接口。利用这种数据结构能够简化代码，提高计算效率。

　　(2) 广播(Broadcasting)。NumPy 库支持广播功能，即使两个数组的形状不同，也能进行元素级别的操作。这种功能使得用户能够更方便地进行数组运算，提高代码的可读性和灵活性。

　　(3) 丰富的数学函数库。NumPy 库提供了大量的数学函数，涵盖了线性代数、傅里叶变换、随机数生成等各个方面。这些函数能够满足用户在科学计算和数据分析中的各种需求。

　　(4) 高效的运算速度。NumPy 库中的许多运算是由编译过的 C 代码实现的，因此执行速度非常快。这种高效性使得 NumPy 库成为处理大规模数据和进行复杂计算的首选工具。

(5) 数据类型和内存优化。NumPy 库支持多种数据类型，如整型、浮点型、复数型等，同时也支持自定义数据类型。此外，NumPy 库能够有效地管理内存，提高内存使用效率。

(6) 与其他库的整合性。NumPy 库能够与许多其他科学计算和数据处理库(如 SciPy、Matplotlib、Pandas 等)无缝配合，形成强大的工具链，为用户提供全面的解决方案。

如果要安装 NumPy 库，可以使用以下命令：

```
conda install numpy
```

或者

```
pip install numpy
```

如果要访问 NumPy 库及其函数，要将 NumPy 库导入 Python 代码中。例如：

```
import numpy as np
```

这里将导入的名称缩短为 np 是为了提高使用 NumPy 时代码的可读性。这是一种被广泛采用的方式。

Python 中的列表也能够处理多维数组，那么，我们为什么要选用 NumPy 库呢？答案是 NumPy 库专门针对数组的操作和运算进行了设计，存储效率和输入/输出性能远优于 Python 中的嵌套列表，数组越大，NumPy 库的优势就越明显。NumPy 库提供了大量快速高效的方法来创建数组并在其中操作数值数据。通常，NumPy 库中所有数组的元素类型都必须相同，而 Python 列表中数组的元素类型是任意的，所以在通用性方面 NumPy 库中的数组不及 Python 中的列表，但在科学计算中，它可以省掉很多循环语句，在代码使用方面也比 Python 中的列表简单很多。

本节将详细介绍 NumPy 库的核心数据结构及创建数组的简单方法。

9.1.1 核心数据结构：ndarray

NumPy 库的核心数据结构是 ndarray(n-dimensional array)，用于存储同构数据(即所有元素都是同一类型)。ndarray 在科学计算、数据分析等领域非常有用，因为它能支持大量的数学运算，并且能够有效地利用内存和 CPU 资源。

ndarray 的基本概念如下：

(1) 多维数组(ndarray)：一个具有固定大小的同类数据项的多维容器。在 NumPy 中，所有的数组都是 ndarray 对象。

(2) 维度(ndim)：数组的轴的个数，也称为数组的秩(rank)。

(3) 形状(shape)：数组在每个维度上的大小。例如，一个形状为(3, 4)的数组表示 3 行 4 列的矩阵。

(4) 数据类型(dtype)：数组中元素的类型，如整型、浮点型、复数型等。

(5) 大小(size)：数组中元素的个数。

下面我们通过一个实例来具体说明上面的相关概念。

【例 9-1】 ndarray 的基本概念。

```
>>>import numpy as np
#创建一个形状为(2,3)的二维数组,指定类型为 int64
```

```
>>>a_array = np.array([[1,2,3],[4,5,6]],dtype=np.int64)
>>>print(type(a_array))
<class 'numpy.ndarray'>
>>>print(a_array.ndim)        #通过数组的 ndim 属性输出数组的维度
2
>>>print(a_array.shape)       #通过数组的 shape 属性输出数组的形状
(2, 3)
>>>print(a_array.dtype)       #通过数组的 dtype 属性获得数组的数据类型
int64
>>>print(a_array.size)        #通过数组的 size 属性获得数组的大小
6
```

上述代码创建了一个有 6 个元素的二维数组 a_array，并通过 ndarray 的属性使我们得到了 a_array 的基本属性。上面出现的 int64 是 NumPy 库中数组元素类型中的一种。比起 Python 本身支持的数据类型(int, float 等)，NumPy 库中添加了很多数据类型来满足科学计算的要求。表 9-1 所示为 NumPy 库中基本的数据类型。

表 9-1   NumPy 库中基本的数据类型

类型名	类型表示符
布尔型	bool_
有符号整数型	int8(-127～128) / int16 / int32 / int64
无符号整数型	uint8(0～255) / uint16 / uint32 / uint 64
浮点型	float16 / float32 / float64
复数型	complex64 / complex128
字符串型	str_，每个字节用 32 位 Unicode 编码表示

9.1.2   创建数组的常用方式

本节介绍创建数组的常用方式。

1. 由其他 Python 结构(如列表和元组)转换而来

使用 NumPy 库中的 numpy.array()函数，可将列表(list)或元组(tuple)转换为数组。

【例 9-2】   列表(元组)转换为数组。

```
>>>import numpy as np
>>>array_1d = np.array([1, 2, 3, 4])                #用一个数字列表创建一个一维数组
>>>array_2d = np.array([[1, 2], [3, 4]])            #用一个列表的列表创建一个二维数组
>>>array_3d = np.array([[[1, 2], [3, 4]], [[5, 6], [7, 8]]])    #用进一步嵌套的列表创建高维数组
```

当使用 numpy.array()来定义一个新数组时，应该考虑数组中元素的数据类型，并通过 dtype 来明确指定。在默认情况下，NumPy 创建的数组是 32 位或 64 位的有符号整数。如果想要自定义数组的数据类型，那么用户需要在创建数组时指定 dtype。

2. 使用内置函数创建数组

除使用 numpy.array() 函数创建数组外，还可以通过其他内置函数来创建数组，下面介绍几个常用的函数。

(1) numpy.arange(start,stop,step) 函数：用于创建具有规律增量值的数组。它类似于 Python 内置的 range() 函数，但返回的是一个 ndarray，而不是一个列表。

【例 9-3】　numpy.arange() 函数的用法。

```
>>>import numpy as np
#创建一个从 0 到 5(不包含)的数组，步长为 1
>>>array1 = np.arange(5)
>>>print(array1)
[0 1 2 3 4]
#创建一个从 2 到 10(不包含)的数组，步长为 2
>>>array2 = np.arange(2, 10, 2)
>>>print(array2)
[2 4 6 8]
#创建一个从 0 到 1.0(不包含)的数组，步长为 0.1
>>>array3 = np.arange(0, 1.0, 0.1)
>>>print(array3)
[0. 0.1 0.2 0.3 0.4 0.5 0.6 0.7 0.8 0.9]
```

numpy.arange() 函数的最佳实践是使用整数作为起始值、终止值和步长值。这意味着当使用 numpy.arange() 函数时，如果步长值为非整数，则由于浮点精度问题，可能会遇到意外的行为。建议谨慎选择终止点，以避免产生意外结果。

(2) numpy.linspace(start,stop,num=50,endpoint=Ture,retstep=False,dtype=none) 函数：用于创建具有指定数量元素的数组，并在指定的起始值和终止值之间均匀间隔。在默认情况下，数组包含终止值，生成的序列中不显示间距，如果 num 未指定，则默认为 50。

【例 9-4】　numpy.linspace() 函数的用法。

```
>>>import numpy as np
>>>array1 = np.linspace(1, 10)    #参数 num 的值默认为 50
>>>print(array1)
[ 1.    1.18367347   1.36734694   1.55102041   1.73469388   1.91836735
  2.10204082   2.28571429   2.46938776   2.65306122   2.83673469   3.02040816
  3.20408163   3.3877551    3.57142857   3.75510204   3.93877551   4.12244898
  4.30612245   4.48979592   4.67346939   4.85714286   5.04081633   5.2244898
  5.40816327   5.59183673   5.7755102    5.95918367   6.14285714   6.32653061
  6.51020408   6.69387755   6.87755102   7.06122449   7.24489796   7.42857143
  7.6122449    7.79591837   7.97959184   8.16326531   8.34693878   8.53061224
  8.71428571   8.89795918   9.08163265   9.26530612   9.44897959   9.63265306
  9.81632653 10. ]
#生成[1,10]之间元素个数为 10 的序列,说明参数 endpoint 默认为 True,参数 retstep 默认为 False
```

```
>>>array2 = np.linspace(1, 10, 10)
>>>print(array2)
[ 1.  2.  3.  4.  5.  6.  7.  8.  9. 10.]
#生成[1,10)之间元素个数为 10 的序列,设置参数 endpoint 为 False
>>>array3 = np.linspace(1, 10, 10, endpoint=False)
>>>print(array3)
[1.   1.9 2.8 3.7 4.6 5.5 6.4 7.3 8.2 9.1]
#生成[1,10]之间元素个数为 10 的整数序列
>>>array4 = np.linspace(1, 10, 10, dtype=int)
>>>print(array4)
[ 1  2  3  4  5  6  7  8  9 10]
```

numpy.linspace ()函数的优点是用户可以确保元素的数量以及起始值和终止值。这意味着当用户需要在指定的起始值和终止值之间创建指定数量的元素时，numpy.linspace()是一个非常方便的函数。

(3) numpy.eye(N, M=None, dtype=float)函数：用于定义一个二维单位数组。这个矩阵有 N 行、M 列。其中，当行索引和列索引相等时(即 i==j)，元素为 1，其余元素为 0。当 M 省略时，创建一个 N 行、N 列的单位数组，可以用 dtype 来指定数组的数据类型。

【例 9-5】　numpy.eye()函数的用法。

```
>>>import numpy as np
#创建一个 3×3 的整数类型数组
>>>array1 = np.eye(3,dtype=int)
>>>print(array1)
[[1 0 0]
 [0 1 0]
 [0 0 1]]
```

numpy.eye()函数在创建单位矩阵时非常有用，特别是当需要指定矩阵的行数和列数时。

(4) numpy.diag(v,k=0)函数：用于定义一个具有给定对角线上值的方形二维数组，或者用于给定一个二维数组，返回一个只包含对角线元素的一维数组。其中，v 是输入的数组，k 表示对角线的位置。

【例 9-6】　numpy.diag()函数的用法。

```
>>>import numpy as np
>>>array1 = np.diag([1, 2, 3])
>>>print(array1)
[[1 0 0]
 [0 2 0]
 [0 0 3]]
>>>array2 = np.diag([1, 2, 3], 1)
>>>print(array2)
[[0 1 0 0]
```

[0 0 2 0]

[0 0 0 3]

[0 0 0 0]]

numpy.diag()函数对于构建和操作矩阵，特别是在进行线性代数运算时非常有用。

(5) numpy.vander(x, n)函数：用于定义一个 Vandermonde 矩阵，它是一个二维的 NumPy 数组。Vandermonde 矩阵的每一列都是输入的一维数组(列表或元组)的递减幂次，其中最高的多项式次数是 n – 1。这个函数会返回一个 M × N 的矩阵，其中 M 是输入数组的长度，N 是指定的多项式次数加一。

【例 9-7】 numpy.vander()函数的用法。

```
>>>import numpy as np
>>>x = np.array([1, 2, 3, 4])
>>>vander_matrix = np.vander(x, 3)
>>>print(vander_matrix)
[[ 1   1   1]
 [ 4   2   1]
 [ 9   3   1]
 [16   4   1]]
```

numpy.vander()函数在生成线性最小二乘模型时非常有用。

(6) numpy.zeros(shape, dtype=float)/ 和 numpy.ones(shape, dtype=float)函数：用于创建数组，其返回一个由 0 或 1 组成的数组。其中，shape 为数组的形状，可以是一个整数或者一个元组(tuple)。若是整数 n，则返回一个具有 n 个零的一维数组；若是元组，则创建相应形状的多维数组。numpy.zeros()函数可以用来创建多维数组，其形状和数据类型都可以自定义。它有以下特征：

① 通过输入数组的形状和数据类型来创建数组。

② 默认创建的数组元素都是 0 或 1。

【例 9-8】 numpy.zeros()和 numpy.ones()函数的用法。

```
>>>import numpy as np
#创建一个 3×3 的零矩阵
>>>array1 = np.zeros((3, 3))
>>>print(array1)
[[0. 0. 0.]
 [0. 0. 0.]
 [0. 0. 0.]]
#创建一维数组，元素类型为整数
>>>array2 = np.zeros((5), dtype=int)
>>>print(array2)
[0 0 0 0 0]
#创建一个 3×3 的全 1 矩阵
>>>array3 = np.ones((3, 3))
```

```
>>>print(array3)
[[1. 1. 1.]
 [1. 1. 1.]
 [1. 1. 1.]]
#创建全为 1 的一维数组，元素类型为整数
>>>array4 = np.ones((5), dtype=int)
>>>print(array4)
[1 1 1 1 1]
```

(7) numpy.random()函数：提供了多种随机数生成函数，可生成均匀分布、正态分布、泊松分布等各种分布的随机数，适用于各种数学建模、模拟和统计分析任务。通常通过设置随机数种子(seed)来确保生成的随机数是可复现的。这对于科学研究和调试非常有用。

numpy.random()函数中包含的随机数生成函数有 rand()、randn()、randint()等。下面通过一个实例来介绍这几个随机数生成函数。

【例 9-9】　numpy.random()函数中的随机数生成函数。

```
>>>import numpy as np
#生成一个 3×3 的二维数组，包含[0, 1)范围内的随机浮点数
>>>rand_array = np.random.rand(3, 3)
>>>print(rand_array)
[[0.71382236 0.64753293 0.65044058]
 [0.92568696 0.8092704  0.45600121]
 [0.55407416 0.50241207 0.27791952]]
#生成一个 3×3 的二维数组，包含标准正态分布的随机浮点数
>>>randn_array = np.random.randn(3, 3)
>>>print(randn_array)
[[-0.66104131  1.12235315 -1.32201853]
 [ 0.89503194  0.32496329  2.17852367]
 [ 0.79446379 -1.30642006 -2.23469014]]
#生成一个 3×3 的二维数组，包含[0, 10)范围内的整数随机数
>>>randint_array = np.random.randint(0, 10, size=(3, 3))
>>>print(randint_array)
[[2 2 2]
 [0 2 8]
 [9 6 9]]
```

3. 通过现有数组创建新数组

创建了数组后，我们可以复制、连接或改变这些现有数组，从而创建新的数组。当将数组或其元素赋给一个新变量时，必须明确地复制数组，否则该变量就是对原始数组的视图。如果想创建一个新数组，可使用 numpy.copy()函数。

【例 9-10】　通过现有数组创建新数组。

```
>>>import numpy as np
>>>array_a = np.array([1, 2, 3, 4, 5, 6])
>>>array_b = array_a[:2]   #利用索引创造新数组
>>>array_b += 1
>>>print(array_a, array_b)
[2 3 3 4 5 6] [2 3]
>>>array_a = np.array([1, 2, 3, 4])
>>>array_b = array_a[:2].copy()
>>>array_b += 1
>>>print( array_a, array_b)
[1 2 3 4] [2 3]
```

我们还可以利用一些连接现有数组的方法，如 numpy.vstack()、numpy.hstack()和 numpy.block()。以下是使用 numpy.block()将四个 2×2 数组连接成一个 4×4 数组的示例。

【例 9-11】 利用 numpy.block()连接数组。

```
import numpy as np
>>>array_a = np.ones((2, 2))
>>>array_b = np.eye(2, 2)
>>>array_c = np.zeros((2, 2))
>>>array_d = np.diag((-3, -4))
>>>array= np.block([[array_a, array_b], [array_c, array_d]])
>>>print(array)
[[ 1.  1.  1.  0.]
 [ 1.  1.  0.  1.]
 [ 0.  0. -3.  0.]
 [ 0.  0.  0. -4.]]
```

4. 通过 NumPy 库及 h5py 库中的文件操作创建数组

读取磁盘中的数组是创建大型数组最常见的方式之一。NumPy 库提供了专门的文件操作方法。在 NumPy 库中可读写 txt 或 csv 文件、npy 或 npz 文件，在 h5py 库中可读写 hdf5 文件。这三类文件在存储和处理数据时各有优缺点，详见下面示例中的说明。

(1) 通过 NumPy 库读写 txt 或 csv 文件。

【例 9-12】 写入 txt 或 csv 文件。

```
>>>import numpy as np
#创建一个示例数据
>>>array = np.arange(30).reshape((5,6))
#写入 txt 文件
>>>np.savetxt('data.txt', array)
#写入 csv 文件
>>>np.savetxt('data.csv', array, delimiter=',')
```

如果没有指定文件路径，则默认文件保存在执行脚本或程序的当前目录中。我们可以使用绝对路径或相对路径来指定文件的保存位置。上述示例未指定文件路径，我们可以在当前目录中找到 data.txt 和 data.csv 文件，打开后可以看到文件内容，如图 9-1 和图 9-2 所示。

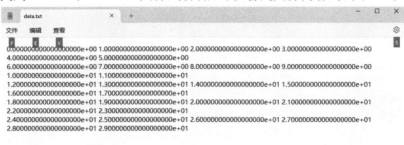

图 9-1　data.txt 文件中的内容

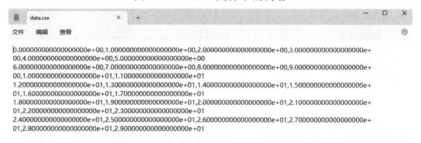

图 9-2　data.csv 文件中的内容

　　可以看到，数据保存的格式默认是科学计数法的格式，我们可以通过设置 numpy. savetxt()函数中的 fmt 参数来更改数据保存的格式。如设置 fmt='%d'，表示将数据保存为整数格式；设置 fmt='%f'，表示将数据保存为浮点数格式。

　　【例 9-13】　读取 txt 或 csv 文件。

```
>>>import numpy as np
#读取 txt 文件
>>>data_txt = np.loadtxt('data.txt')
```

```
>>>print(data_txt)
[[ 0.  1.  2.  3.  4.  5.]
 [ 6.  7.  8.  9. 10. 11.]
 [12. 13. 14. 15. 16. 17.]
 [18. 19. 20. 21. 22. 23.]
 [24. 25. 26. 27. 28. 29.]]
#读取 csv 文件
>>>data_csv = np.genfromtxt('data.csv', delimiter=',')
>>>print(data_csv)
[[ 0. 1.  2.  3.  4.  5.]
 [ 6.  7.  8.  9. 10. 11.]
 [12. 13. 14. 15. 16. 17.]
 [18. 19. 20. 21. 22. 23.]
 [24. 25. 26. 27. 28. 29.]]
```

用 txt 或 csv 文件存储和处理数据的通用性强，几乎所有的数据处理软件都支持这种格式。我们还可以用文本编辑器直接打开查看和编辑，其优点是易于理解；缺点是无法直接存储多维数组，需要进行数据的适当排列和分割，而且文件读取速度较慢，特别是对于大型数据集，不支持数据压缩，文件较大时占用磁盘空间较多。

(2) 通过 NumPy 库读写 npy 或 npz 文件。

【例 9-14】　写入 npy 或 npz 文件。

```
>>>import numpy as np
#创建一个示例数据
>>>array = np.arange(30).reshape((5,6))
>>>array_1 = np.arange(15).reshape((5,3))
>>>array_2 = np.arange(15,30).reshape((5,3))
>>>import numpy as np
#保存为 npy 文件
>>>np.save('data.npy', array)
#保存为 npz 文件
>>>np.savez('data.npz', array1=array_1, array2=array_2)
```

程序执行后，在当前目录中会出现 data.npy 和 data.npz 这两个二进制文件。若要读取这两个文件，可执行如下操作。

【例 9-15】　读取 npy 或 npz 文件。

```
>>>import numpy as np
>>>data_y = np.load('data.npy')
#加载 npz 文件
>>>data_z = np.load('data.npz')
#打印加载的数据
>>>print(data_y)
```

```
[[ 0   1   2   3   4   5]
 [ 6   7   8   9 10 11]
 [12 13 14 15 16 17]
 [18 19 20 21 22 23]
 [24 25 26 27 28 29]]
#sep='\n',  sep 是 print()函数的一个参数,用于间隔多个对象
>>>print(data_z['array1'], data_z['array2'],sep='\n')
[[ 0   1   2]
 [ 3   4   5]
 [ 6   7   8]
 [ 9 10 11]
 [12 13 14]]
[[15 16 17]
 [18 19 20]
 [21 22 23]
 [24 25 26]
 [27 28 29]]
```

　　npy 和 npz 文件由 NumPy 库提供支持,读写速度快,非常适合大型数据集。相比于 txt 和 csv 文件,npy 和 npz 文件的优点是可以直接存储多维数组,无需额外的数据处理,支持数据压缩,可以有效地减少文件大小;缺点是只能被 NumPy 库或兼容 NumPy 库的程序读取,不适合跨平台分享,因为它是二进制文件。

　　(3) 通过 h5py 库读写 hdf5 文件。

　　使用 h5py 库可以很容易地读写 hdf5 文件。

　　【例 9-16】 写入 hdf5 文件。

```
>>>import h5py
>>>import numpy as np
#创建一些示例数据
>>>data = np.arange(30).reshape((5,6))
#写入数据到 hdf5 文件
>>>with h5py.File('data.h5', 'w') as hf:
    hf.create_dataset('dataset_name', data=data)
```

　　程序执行后,在当前目录中会出现 data.h5 二进制文件。若要读取此文件,可执行以下操作。

　　【例 9-17】 读取 hdf5 文件。

```
>>>import h5py
#读取 hdf5 文件中的数据
>>>with h5py.File('data.h5', 'r') as hf:
>>>    data = hf['dataset_name'][:]
#打印读取的数据
```

```
>>>print(data)
[[ 0  1  2  3  4  5]
 [ 6  7  8  9 10 11]
 [12 13 14 15 16 17]
 [18 19 20 21 22 23]
 [24 25 26 27 28 29]]
```

同一个 hdf5 文件可以创建多个 dataset，并通过 key 来访问 dataset。hdf5 文件有很多优点：不限制 NumPy 库中的数组维度，可以保持 NumPy 库中的数组结构和数据类型；适合 NumPy 库中数组很大的情况，文件占用空间小；读取的时候很方便，不会混乱，不会覆盖原文件中含有的内容。

9.2 NumPy 库中数组的操作

9.1 节介绍了 NumPy 库的基础，其中包括创建数组的多种方式，创建完数组后，我们就可以对数组进行一些基本操作了。这一节主要介绍数组的操作，包括数组的基本运算、数组的基本索引和切片、数组的形状操作和数组的聚合操作。

9.2.1 数组的基本运算

数组一个最明显的好处就是可以进行整体运算，一组数据可以像单个数据一样直接进行运算。ndarray 对象的运算效率极高，不用编写循环，运算直接应用在元素级上。在 NumPy 库中，数组可以进行一系列的数学运算(如加、减、乘、除四则运算，幂次方运算，三角运算，指数运算等)和逻辑运算(如逻辑与、逻辑或和逻辑非等运算)。下面就对 NumPy 库中数组的这些基本运算进行详细介绍。

1. 数组的四则运算

NumPy 库中数组的加、减、乘、除运算与 Python 中的运算是类似的，可以使用 +、-、*、/ 运算符进行运算。这些运算可以针对两个数组执行，运算直接应用在元素级上。

【例 9-18】 数组之间的四则运算。

```
>>>import numpy as np
#创建两个形状相同的数组
>>>array_1 = np.array([[1, 2, 3],[4, 5, 6]])
>>>array_2 = np.array([[7, 8, 9],[10, 11, 12]])
>>>a = array_1 + array_2   #加法运算
>>>print(a)
[[ 8 10 12]
 [14 16 18]]
>>>b = array_1 - array_2   #减法运算
>>>print(b)
```

```
[[-6 -6 -6]
 [-6 -6 -6]]
>>>c = array_1 * array_2            #乘法运算
>>>print(c)
[[ 7 16 27]
 [40 55 72]]
>>>d = array_1 / array_2            #除法运算
>>>print(d)
[[0.14285714 0.25        0.33333333]
 [0.4        0.45454545 0.5        ]]
```

2. 数组的幂次方运算

在 NumPy 库中，可以使用 numpy.power()函数进行幂次方运算。该函数接受两个参数：底数和指数，并返回底数的指数次幂。除了上述方法，还可以使用幂次方运算符 ** 来进行幂次方运算。

【例 9-19】 数组的幂次方运算。

```
>>>import numpy as np
>>>array = np.array([[1, 2, 3],[4, 5, 6]])
>>>a = array ** 2
>>>print(a)
[[ 1   4   9]
 [16 25 36]]
>>>b = np.power(array, 3)
>>>print(b)
[[ 1   8  27]
 [ 64 125 216]]
```

3. 三角运算和指数运算

在 NumPy 库中有支持三角运算和指数运算的一系列函数，这些函数都可以对数组进行操作。

【例 9-20】 数组的三角运算和指数运算。

```
>>>import numpy as np
#生成一个包含 3 个等间距样本的数组，从 0 到 π(包含 π)
>>>array = np.linspace(0, np.pi, 3)
>>>print(array)
[0.   1.57079633 3.14159265]
>>>array_sin = np.sin(array)        #正弦运算
>>>print(array_sin)
[0.0000000e+00 1.0000000e+00 1.2246468e-16]
>>>array_cos = np.cos(array)        #余弦运算
```

```
>>>print(array_cos)
[ 1.000000e+00    6.123234e-17 -1.000000e+00]
>>>array_tan = np.tan(array)                        #正切运算
>>>print(array_tan)
[ 0.00000000e+00    1.63312394e+16 -1.22464680e-16]
>>>array_exp = np.exp(array)                         #指数运算
>>>print(array_exp)
[ 1.       4.81047738 23.14069263]
```

4. 数组的逻辑运算

在 NumPy 库中可以执行各种逻辑运算，例如逻辑与、逻辑或和逻辑非，以及用于比较数组元素的逻辑运算。

【例 9-21】 数组的逻辑运算。

```
>>>import numpy as np
>>>array_1 = np.array([False, True, False, True])
>>>array_2 = np.array([False, True, True, False])
>>>array_and = np.logical_and(array_1, array_2)      #逻辑与
>>>print(array_and)
[False True False False]
>>>array_or = np.logical_or(array_1, array_2)        #逻辑或
>>>print(array_or)
[False   True   True   True]
>>>array_not = np.logical_not(array_1)               #逻辑非
>>>print(array_not)
[ True False   True False]
>>>array_xor = np.logical_xor(array_1,array_2)       #逻辑异或
>>>print(array_xor)
[False False   True   True]
```

5. NumPy 库中的广播

NumPy 库中的广播(Broadcast)是一种机制，用于在进行算术运算时处理不同形状的数组。它使得代码在没有对数组进行显式循环的情况下，能够对不同形状的数组进行运算，从而使代码更简洁、更易读。当运算中的两个数组的形状不同时，NumPy 库将自动触发广播机制。

【例 9-22】 NumPy 库中的广播机制。

```
>>>import numpy as np
#创建一个数组，形状为(1, 3)
>>>array_1 = np.array([[1,2,3]])
#创建一个数组，形状为(3, 3)
```

```
>>>array_2 = np.array([[1, 2, 3],
                       [4, 5, 6],
                       [7, 8, 9]])
#创建一个数组，形状为(3, 1)
>>>array_3 = np.array([[1],[2],[3]])
>>>array_a = array_1 + 1
>>>print(array_a)
[[2 3 4]]
>>>array_b = array_1 + array_2
>>>print(array_b)
[[ 2 4 6]
 [ 5 7 9]
 [ 8 10 12]]
>>>array_c = array_1 + array_3
>>>print(array_c)
[[2 3 4]
 [3 4 5]
 [4 5 6]]
```

NumPy 库可以转换形状不同的数组，使它们都具有相同的大小，然后再对它们进行运算。如果两个数组的维度不相等，则对维度较小的数组进行复制，直到两个数组的维度相等。如果两个数组的形状在任何一个维度上都不匹配，并且在该维度上一个数组的形状为1，那么可以进行广播。如果两个数组的形状在任何一个维度上都不匹配，并且没有任何一个维度等于 1，那么会引发异常。广播示意图如图 9-3 所示。

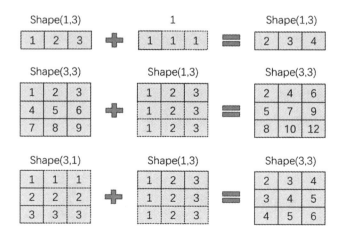

图 9-3　广播示意图

广播机制在 NumPy 库中非常有用，它使我们可以用更简洁的方式处理不同形状的数组，而无须显式地编写循环。

9.2.2 数组的基本索引和切片

在 NumPy 库中，数组的索引和切片操作与 Python 中的列表类似，但其具有更多的功能和灵活性。

1. 索引

对 NumPy 库中的数组可以使用索引数组进行索引访问，还可以通过布尔索引来进行访问。

使用索引数组进行索引访问时，索引数组必须是整数类型，数组中的值分别为要访问的数的索引。索引允许负值，表示从后往前进行索引。

【例 9-23】 数组索引。

```
>>>import numpy as np
#创建一个从 15 到 25 的数组
>>>array_a = np.arange(15,25)
>>>print(array_a)
[15 16 17 18 19 20 21 22 23 24]
#创建一个索引数组
>>>array_index = np.array([1,4,9,7,-1,-5])
>>>array_b = array_a[array_index]
>>>print(array_b)
[16 19 24 22 24 20]
```

NumPy 库中的布尔索引允许用户使用布尔数组来选择数组中的元素。布尔索引还可以通过布尔运算(如比较运算符)来获取符合指定条件的元素的数组。用作索引的布尔数组的处理方式与索引数组完全不同。布尔数组的形状必须与要索引的数组的初始尺寸相同。

【例 9-24】 布尔索引。

```
>>>import numpy as np
>>>array = np.array([1, 2, 3, 4, 5])   #创建一个数组
#创建一个布尔数组，表示哪些元素满足条件
>>>mask = np.array([True, False, True, False, True])
#使用布尔数组来选择数组中的元素
>>>array_1 = array[mask]
>>>print(array_1)
[1 3 5]
#使用布尔运算来获取数组
>>>array_2 = array >3
>>>print(array_2)
[False False False   True   True]
>>>array_3 = array[array_2]
```

```
>>>print(array_3)
[4 5]
```

2. 切片

与 Python 中的 list 切片操作类似，ndarray 对象也可以通过索引或者切片来访问与修改。ndarray 对象可以直接使用 slice()函数进行切片。slice()函数用于创建一个切片对象，该对象用于序列(如列表、元组、字符串等)的切片操作。

slice()函数的语法格式如下：

```
slice(start, stop, step)
```

其中，start 表示切片的起始位置(可选，默认为 0)，stop 代表切片的结束位置(必选)，step 为切片的步长(可选，默认为 1)。

【例 9-25】 使用 slice()函数进行切片。

```
>>>import numpy as np
>>>array = np.arange(15)
>>>arr_cut = array[slice(2,10,2)]
>>>print(arr_cut)
[2 4 6 8]
```

上面这种切片方式看上去有点复杂，除这种方式外，在更多情况下可以直接使用下标进行索引和切片。

【例 9-26】 使用下标进行切片。

```
>>>import numpy as np
>>>array = np.arange(15)
>>>arr_cut_1 = array[2:8:2]
>>>arr_cut_2 = array[3:7]
>>>print(arr_cut_1)
[2 4 6]
>>>print(arr_cut_2)
[3 4 5 6]
```

需要注意的是：数组切片不会复制内部数组数据而生成一个副本，只会生成原始数据的新视图。这点与 Python 不同，即不会创建新的内存地址，而是对原数据内存地址的引用。

9.2.3 数组的形状操作

在 NumPy 库中，用户可以使用各种函数和方法来操作数组的形状，包括改变数组形状、转置数组、合并数组等。下面是一些常用的数组形状操作。

1. 改变数组形状

要改变数组形状可使用以下函数：

(1) reshape()：改变数组的形状，但不改变数组中的元素数量。

(2) flatten()：将多维数组转换为一维数组。

(3) ravel()：与 flatten()类似，将多维数组转换为一维数组，但返回的是数组的视图而不是副本。

【例 9-27】 改变数组形状。

```
>>>import numpy as np
>>>array = np.array([1, 2, 3, 4, 5, 6])
>>>reshaped_arr = array.reshape(2, 3)
>>>print(reshaped_arr)
[[1 2 3]
 [4 5 6]]
>>>flattened_arr = reshaped_arr.flatten()
>>>print(flattened_arr)
[1 2 3 4 5 6]
>>>raveled_arr = reshaped_arr.ravel()
>>>print(raveled_arr)
[1 2 3 4 5 6]
```

2. 转置数组

使用 transpose()函数可交换数组的维度，实现数组转置。

【例 9-28】 交换数组的维度。

```
>>>import numpy as np
>>>array = np.array([[1, 2, 3],[4, 5, 6]])
>>>transposed_arr = array.transpose()
>>>print(transposed_arr)
[[1 4]
 [2 5]
 [3 6]]
```

3. 合并数组

使用 concatenate()函数可沿指定轴将多个数组合并为一个数组。

【例 9-29】 合并数组。

```
>>>import numpy as np
>>>array1 = np.array([[1, 2], [3, 4]])
>>>array2 = np.array([[5, 6], [7, 8]])
>>>concatenated_array = np.concatenate((array1, array2), axis=1)
>>>print(concatenated_array)
[[1 2 5 6]
 [3 4 7 8]]
```

9.2.4 数组的聚合操作

NumPy 库中的聚合操作用于对数组中的元素进行计算，并返回一个标量值或沿指定轴的一维数组。常见的聚合函数如表 9-2 所示。

表 9-2   NumPy 库中常见的聚合函数

函　数	描　述
sum()	计算数组中元素的总和
mean()	计算数组中元素的平均值
max()	返回数组中的最大值
min()	返回数组中的最小值
std()	计算数组中元素的标准差
var()	计算数组中元素的方差
argmax()	返回数组中最大元素的对应索引
argmin()	返回数组中最小元素的对应索引
cumsum()	按指定轴返回数组元素累计的和
cumprod()	按指定轴返回数组元素累计的积

【例 9-30】　数组的聚合操作。

```
>>>import numpy as np
#创建一个一维数组
>>>array_1dim = np.array([1, 2, 3, 4, 5])
#创建一个二维数组
>>>array_2dim = np.array([[1, 2, 3], [4, 5, 6]])
>>>total_sum = np.sum(array_1dim)              #数组求和
>>>print(total_sum)
15
>>>average = np.mean(array_1dim)               #数组求平均
>>>print(average)
3.0
>>>max_value = np.max(array_1dim)              #得到数组最大值
>>>min_value = np.min(array_1dim)              #得到数组最小值
>>>print(max_value, min_value)
5 1
>>>standard_deviation = np.std(array_1dim)     #得到数组标准差
>>>variance = np.var(array_1dim)               #得到数组方差
>>>print(standard_deviation, variance)
1.4142135623730951 2.0
>>>max_index = array_1dim.argmax()             #得到数组最大值的索引
>>>min_index = array_1dim.argmin()             #得到数组最小值的索引
>>>print(max_index,min_index)
4 0
#数组按第 0 轴方向累计求和，即最后一行是所有行元素之和
```

```
>>>cumsum_array = array_2dim.cumsum(axis=0)
>>>print(cumsum_array)
[[1 2 3]
 [5 7 9]]
#数组按第 0 轴方向累计求积，即最后一行是所有行元素之积
>>>cumprod_array = array_2dim.cumprod(axis=1)
>>>print(cumprod_array)
[[ 1   2   6]
 [ 4  20 120]]
```

对于多维数组，用户还可以通过设置参数"axis="来指定沿着某个轴进行聚合操作，比如沿着指定轴求和、求平均等。

9.3 Pandas 库

Pandas 库是一个建立在 Python 语言之上的、开源的数据分析工具包。它提供了快速、灵活、丰富的数据结构和数据操作工具，使得在 Python 中进行数据处理和分析变得更加简单和高效。Pandas 库主要引入了两种新的数据结构：DataFrame 和 Series。

Series 是 Pandas 库中的一维标记数组，可以容纳任何数据类型(整型、浮点型、字符串型、Python 对象等)。Series 由两个主要部分组成：数据和索引。

DataFrame 是 Pandas 库中的二维数据结构，类似于电子表格或数据库中的表格。DataFrame 由多个 Series 对象组成，每个 Series 表示 DataFrame 的一列。DataFrame 既有行索引也有列索引，可以看作是 Series 对象的字典。

如果要访问 Pandas 库及其函数，可以使用以下命令：

```
>>>from pandas import Series,DataFrame
>>>import pandas as pd
```

9.3.1 Series 对象

Series 对象的每个元素都有一个与之相关的标签索引。这个标签索引可以是整数、字符串或其他任意类型的数据。通过标签索引，用户可以方便地访问和操作 Series 中的数据。Series 是一维的，这意味着它只有一个轴(或维度)，类似于 Python 中的列表。Series 对象非常灵活，可以存储各种类型的数据。Series 对象是可变的，用户可以通过索引直接修改其中的元素值。这使得 Series 对象可以像列表一样被修改，但是它们的索引是固定的。Series 可以包含缺失数据，Pandas 库中用 NaN(Not a Number)来表示缺失或无值。

1. 创建 Series 对象

使用 pd.Series((data=None, index=None, dtype=None, name=None, copy=False, fastpath=False))构造函数可创建一个 Series 对象，传递一个数据数组(可以是列表、NumPy 数组等)和一个可选的索引数组。该函数中各参数说明如下：

data：Series 的数据部分，可以是列表、数组、字典、标量值等。如果不提供此参数，则创建一个空的 Series。

index：Series 的索引部分，用于对数据进行标记，可以是列表、数组、索引对象等。如果不提供此参数，则创建一个默认的整数索引。

dtype：指定 Series 的数据类型，可以是 NumPy 库中的数据类型，如 np.int64、np.float64 等。如果不提供此参数，则根据数据自动推断数据类型。

name：Series 的名称，用于标识 Series 对象。如果提供了此参数，则创建的 Series 对象将具有指定的名称。

copy：用于是否复制数据，默认为 False，表示不复制数据。如果设置为 True，则复制输入的数据。

fastpath：用于是否启用快速路径，默认为 False。启用快速路径可能会在某些情况下提高性能。

【例 9-31】 创建 Series 对象。

```
>>>from pandas import Series
>>>a = [1, 2, 3]
>>>sr = Series(a)
>>>print(sr)
0    1
1    2
2    3
dtype: int64 #数据类型
```

例 9-31 输出的两列数据中，第一列是索引，第二列是数据。如果没有指定索引，索引值就从 0 开始。也可以指定索引。

【例 9-32】 指定 Series 索引。

```
>>>from pandas import Series
>>>a = [1, 2, 3]
>>>sr = Series(a,index = ["x", "y", "z"])
>>>print(sr)
x    1
y    2
z    3
dtype: int64
```

2. 选择 Series 元素

在 Series 中，我们有多种办法可以获取元素。第一种方法就是为每个元素建立索引，根据索引来选择 Series 元素；第二种方法则是通过切片进行选择。

【例 9-33】 选择 Series 元素。

```
>>>from pandas import Series
>>>a = [1, 2, 3]
```

```
>>>sr = Series(a,index = ["x", "y", "z"])
>>>print(sr["y"])
2
>>>print(sr[0:2])
x      1
y      2
dtype: int64
```

9.3.2　DataFrame 对象

DataFrame 对象类似于电子表格或数据库中的表格，它以二维形式存储结构化的数据，每列可以有自己的名称(列名)，每行可以有自己的标签索引(行索引)，可使用户更方便地对数据进行理解和分析。

DataFrame 支持缺失值处理，其中缺失值用 NaN 表示。Pandas 库提供了一系列方法来处理缺失值，如检测缺失值、删除包含缺失值的行或列、填充缺失值等。当对两个 DataFrame 对象进行操作时，Pandas 库会自动根据索引进行对齐。如果两个 DataFrame 对象的索引不完全相同，Pandas 库会根据索引的交集进行对齐，缺失值用 NaN 填充。DataFrame 的数据结构如图 9-4 所示。

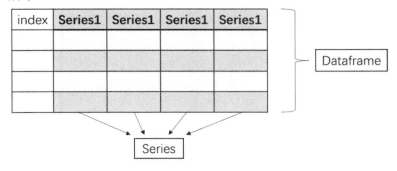

图 9-4　DataFrame 的数据结构

1. 创建 DataFrame 对象

创建 DataFrame 对象常用的方法是将字典作为输入传递给 DataFrame()构造函数，其中字典的键将成为 DataFrame 的列标签，字典的值将成为相应列的数据。

【例 9-34】　创建 DataFrame 对象。

```
#9-34.py
import pandas as pd
data = {'Name': ['A', 'B', 'C'],
        'Age': [25, 30, 35],
   'City': ['Changsha', 'Shanghai', 'Guangzhou']}
df = pd.DataFrame(data)
print(df)
```

以上代码的运行结果如下：

```
     Name    Age            City
0     A      25        Changsha
1     B      30        Shanghai
2     C      35        Guangzhou
```

2. 选择 DataFrame 元素

选择 DataFrame 元素有多种方法，如可以通过列名选择 DataFrame 中的列，还可以使用 .loc[] 方法选择行和列。

【例 9-35】　选择 DataFrame 元素。

```
>>>import pandas as pd
>>>data = {'Name': ['A', 'B', 'C'],
           'Age': [25, 30, 35],
           'City': ['Changsha', 'Shanghai', 'Guangzhou']}
>>>df = pd.DataFrame(data)
#选择单列
>>>print(df['Name'])
0     A
1     B
2     C
Name: Name, dtype: object
#选择多列
>>>print(df[['Name', 'Age']])
     Name    Age
0     A      25
1     B      30
2     C      35
#使用 .loc[] 方法选择单行
>>>print(df.loc[0])
Name            A
Age             25
City       Changsha
Name: 0, dtype: object
#使用 .loc[] 方法选择单行单列
>>>print(df.loc[0, 'Name'])
A
```

9.3.3　函数的应用

Pandas 库提供了许多函数和方法，用于对 DataFrame 和 Series 进行数据处理和操作。数组的大多数聚合函数，如 .sum()、.mean()、.max()等对 DataFrame 同样有用。

【例 9-36】 对 DataFrame 进行数据处理。

```
>>>import pandas as pd
#创建示例 DataFrame
>>>data = {'A': [1, 2, 3, 4, 5],
           'B': [10, 20, 30, 40, 50],
           'C': [100, 200, 300, 400, 500]}
>>>df = pd.DataFrame(data)
#得到每列的平均值
>>>print(df.mean())
A        3.0
B        30.0
C        300.0
dtype: float64
#得到每列的标准差
>>>print(df.std())
A        1.581139
B        15.811388
C        158.113883
dtype: float64
#得到每列的最大值
>>>print(df.max())
A        5
B        50
C        500
dtype: int64
```

除此之外，还有很多函数，读者可自行查找、了解。

9.3.4 数据清洗

数据清洗是指对一些没有用的数据进行处理的过程。很多数据集存在数据缺失、数据格式错误、数据错误或重复的情况，要使数据分析更加准确，就需要对这些没有用的数据进行处理。

1. 过滤 NaN

如果要过滤 NaN，可以使用 dropna()方法。

【例 9-37】 过滤 NaN。

```
>>>import pandas as pd
>>>import numpy as np
#创建示例 DataFrame，包含 NaN 值
>>>data = {'A': [1, 2, np.NaN, 4],
```

```
        'B': [np.NaN, 6, 7, 8],
        'C': [9, np.NaN, 11, 12]}
>>>df = pd.DataFrame(data)
>>>print(df)
     A     B     C
0   1.0   NaN   9.0
1   2.0   6.0   NaN
2   NaN   7.0   11.0
3   4.0   8.0   12.0
#删除包含 NaN 值的行
>>>filtered_df = df.dropna()
>>>print(filtered_df)
     A     B     C
3   4.0   8.0   12.0
```

2. 填充其他值

如果要填充 DataFrame 中的 NaN 值，可以使用 fillna()方法。

【例 9-38】 为 NaN 填充其他值。

```
>>>import pandas as pd
>>>import numpy as np
>>>data = {'A': [1, 2, np.NaN, 4],
        'B': [np.NaN, 6, 7, 8],
        'C': [9, np.NaN, 11, 12]}
>>>df = pd.DataFrame(data)
#将 NaN 值填充为指定值
>>>filled_df = df.fillna(0)
>>>print(filled_df)
     A     B     C
0   1.0   0.0   9.0
1   2.0   6.0   0.0
2   0.0   7.0   11.0
3   4.0   8.0   12.0
```

9.3.5　DataFrame 的合并

　　DataFrame 的合并是数据处理中常见的操作，Pandas 库提供了多种方法来实现这些操作。例如：使用 concat()函数，可以按照指定的轴将多个 DataFrame 沿着行或列方向进行合并；使用 merge()函数，可以按照指定的列将两个 DataFrame 进行合并，类似于 SQL 中的 JOIN 操作。

　　【例 9-39】 合并 DataFrame。

```
>>>import pandas as pd
>>>df1 = pd.DataFrame({'A': [1, 2, 3], 'B': [4, 5, 6]})
>>>df2 = pd.DataFrame({'A': [7, 8, 9], 'B': [4, 5, 6]})
#按行合并两个 DataFrame
>>>concated_df = pd.concat([df1, df2])
>>>print(concated_df)
   A  B
0  1  4
1  2  5
2  3  6
0  7  4
1  8  5
2  9  6
#根据 B 列合并两个 DataFrame
>>>merged_df = pd.merge(df1, df2, on='B')
>>>print(merged_df)
   A_x  B  A_y
0   1   4    7
1   2   5    8
2   3   6    9
```

9.4　Matplotlib 库

　　Matplotlib 库是 Python 中的一个 2D 绘图库，广泛用于数据可视化。它可以创建高质量的图形，支持各种图表类型，例如折线图、散点图、柱状图、饼图、直方图等。Matplotlib 库是数据科学领域中最流行的绘图工具之一，它设计灵活、易于使用，从简单的数据探索到复杂的科学研究，适用于各种应用场景。

　　Matplotlib 库的优势之一是其广泛的兼容性，它可以与多种 Python 库和工具集成，包括 NumPy 库、Pandas 库、SciPy 库等。这使得 Matplotlib 库成为数据分析和数据可视化中不可或缺的工具之一。

　　除了灵活的绘图功能外，Matplotlib 库还提供了丰富的定制选项，用户可以通过设置图形参数、调整样式和添加注释来定制图形，以满足其特定需求和个性化偏好。此外，Matplotlib 库还支持图形的保存和导出，用户可以将生成的图形保存为图片文件、PDF 文件等格式，方便与他人分享或在报告、论文中使用。

　　如果要访问 Matplotlib 库及其函数，可以使用以下命令：

```
>>>import matplotlib
```

　　Pyplot 库是 Matplotlib 库的子库，提供了类似于 MATLAB 的绘图 API，便于用户绘制

2D 图表。它包含了一系列绘图函数，每个函数都能对当前的图像进行各种修改，比如添加标记、创建新的图像、生成新的绘图区域等。在使用时，用户可以通过 import 导入 Pyplot 库，并为其设置一个别名 plt：

```
>>>import matplotlib.pyplot as plt
```

表 9-3 为一些常用的 Pyplot 库函数。

表 9-3　常用的 Pyplot 库函数

函　　数	描　　述
plt.plot()	用于绘制线图
plt.scatter()	用于绘制散点图
plt.bar()	用于绘制垂直条形图和水平条形图
plt.hist()	用于绘制直方图
plt.pie()	用于绘制饼图
plt.imshow()	用于绘制图像
plt.subplot()	用于创建子图
plt.barh()	水平柱状图
plt.boxplot()	箱线图

除了这些基本的函数，Pyplot 库还提供了很多其他的函数，例如用于设置图表属性的函数、用于添加文本和注释的函数、用于保存图表到文件的函数等。想了解其余更多的函数，读者可以自行查阅 Matplotlib 库的帮助文档。

9.4.1　Pyplot 库的使用

下面通过一个简单的例子来了解 Pyplot 库的使用。

【例 9-40】　用 plt.plot()函数绘制基本线图。

```
#9-40.py
import matplotlib.pyplot as plt
#准备数据
x = [1, 2, 3, 4, 5]
y = [2, 3, 5, 7, 11]
#绘制折线图
plt.plot(x, y)
#添加标题和标签
plt.title('简单线图')
plt.xlabel('X 坐标')
plt.ylabel('Y 坐标')
plt.show()   #显示图形
```

运行上面的代码后，输出如图 9-5 所示的基本线图。

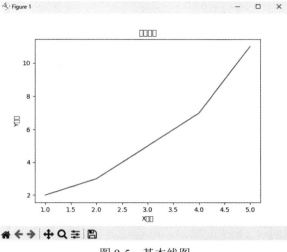

图 9-5　基本线图

　　细心的读者可能会发现，图 9-5 中的标题和标签里的中文没有正常显示，取而代之的是一些方框。这是因为在默认状态下 Matplotlib 库无法在图表中正常显示中文。要在 Matplotlib 库的图表中正常显示中文，用户需要进行一些额外的设置。例如，我们可以在代码中加入如下代码：

```
plt.rcParams['font.sans-serif'] = 字体标识符
```

常用中文字体标识符如表 9-4 所示。

表 9-4　常用中文字体标识符

字体标识符	描　述
SimHei	黑体
Microsoft YaHei	微软雅黑
Microsoft JhengHei	微软正黑体
FangSong	仿宋
KaiTi	楷体

我们把例 9-40 修改一下看看效果。

【例 9-41】　带有中文的图形一。

```
#9-41.py
import matplotlib.pyplot as plt
plt.rcParams['font.sans-serif'] = ['SimHei']
#准备数据
x = [1, 2, 3, 4, 5]
y = [2, 3, 5, 7, 11]
#绘制折线图
plt.plot(x, y)
#添加标题和标签
plt.title('简单线图')
```

```
plt.xlabel('X 坐标')
plt.ylabel('Y 坐标')
plt.show()  #显示图形
```

运行上述代码后，输出如图 9-6 所示的线图。

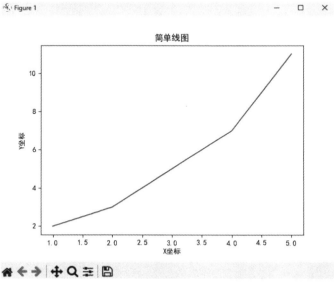

图 9-6　带有中文的图形

从图 9-6 中可以看到中文正常输出了。接下来我们调整图 9-6 中线条的颜色和类型。通过设置 plt.plot()函数中的 color 参数即可调整线条的颜色。常用颜色标记如表 9-5 所示。

表 9-5　常用颜色标记

颜色标记	描　述
'r'	红色
'g'	绿色
'b'	蓝色
'm'	品红
'k'	黑色

线条的类型可以通过 plt.plot()函数中的 linestyle 参数来定义。常用线条类型如表 9-6 所示。

表 9-6　常用线条类型

类　型	简　写	说　明
'solid' (默认)	'-'	实线
'dotted'	':'	点虚线
'dashed'	'--'	破折线
'dashdot'	'-.'	点画线
'None'	'' 或 ' '	不画线

点的类型可以通过 plt.plot()函数中的 marker 参数来定义。常用点类型如表 9-7 所示。

表 9-7　常 用 点 类 型

符　号	描　述	符　号	描　述
.	点	<	朝左三角形
,	像素点	>	朝右三角形
o	圆形	s	正方形
v	朝下三角形	p	五边形
^	朝上三角形	*	星型

更多的风格读者可以参考官方文档，这里不统一列出。

下面绘制一个自定义风格线图。

【例 9-42】　带有中文的图形二。

```python
#9-42.py
import matplotlib.pyplot as plt
plt.rcParams['font.sans-serif'] = ['SimHei']
x = [1, 2, 3, 4, 5]
y = [2, 3, 5, 7, 11]
plt.plot(x, y, color='red', ls = '-.')
plt.title('自定义风格线图')
plt.xlabel('X 坐标')
plt.ylabel('Y 坐标')
plt.show()
```

运行上述代码后，输出如图 9-7 所示的线图。

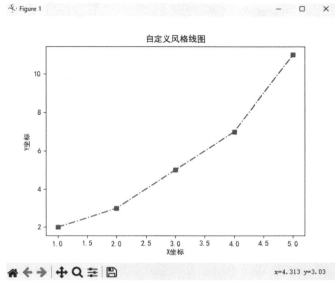

图 9-7　自定义风格线图

Pyplot 模块除能绘制简单的线图外，还能绘制垂直柱状图、散点图、饼图等多种图形。例如，使用 plt.bar()函数可绘制垂直柱状图，其语法格式如下：

plt.bar (x, height, width=0.8, bottom=None)

参数说明如下：

x：浮点型数组，表示柱状图的 x 轴数据。

height：浮点型数组，表示柱状图的高度。

width：浮点型数组，表示柱状图的宽度。

bottom：浮点型数组，表示底座的 y 坐标，默认值为 None。

【例 9-43】 绘制垂直柱状图。

```
#9-43.py
import matplotlib.pyplot as plt
import numpy as np
x = ['A', 'B', 'C', 'D']
y = np.array([12, 22, 6, 18])
plt.bar(x,y)
plt.show()
```

运行上述代码后，输出如图 9-8 所示的垂直柱状图。

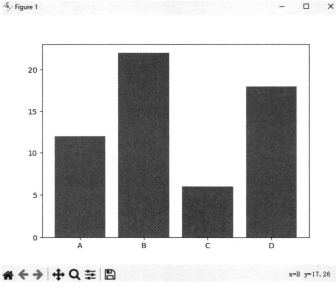

图 9-8　垂直柱状图

使用 plt.scatter()函数可绘制散点图，其语法格式如下：

matplotlib.pyplot.scatter(x, y, s=None, c=None, marker=None, linewidths=None,edgecolors=None)

参数说明如下：

x，y：长度相同的数组，也就是我们即将绘制散点图的数据点，输入数据。

s：点的大小，默认值为 20，也可以是数组，数组中的元素为对应点的大小。

c：点的颜色，默认值为蓝色 'b'，也可以是 RGB 或 RGBA 二维行数组。

marker：点的样式，默认值为小圆圈 'o'。

linewidths：标记点的长度。

edgecolors：颜色或颜色序列，默认值为 'face'，可选值有 'face'、'none'、None。

【例 9-44】 绘制散点图。

```
#9-44.py
import matplotlib.pyplot as plt
import numpy as np
x = np.array([1, 2, 3, 4, 5, 6, 7, 8])
y = np.array([1, 3, 5, 7, 11, 13, 17, 19])
plt.scatter(x, y)
plt.show()
```

运行上述代码后，输出如图 9-9 所示的散点图。

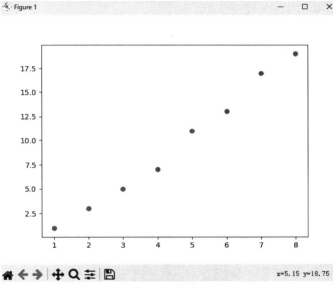

图 9-9 散点图

使用 plt. pie()函数可绘制饼图，其语法格式如下：

```
matplotlib.pyplot.pie(x, explode=None, labels=None, colors=None, autopct=None, pctdistance=0.6, shadow=
False, labeldistance=1.1, startangle=0, radius=1)
```

参数说明如下：

x：浮点型数组或列表，用于绘制饼图的数据，表示每个扇形的面积。

explode：数组，表示各个扇形之间的间隔，默认值为 0。

labels：列表，各个扇形的标签，默认值为 None。

colors：数组，表示各个扇形的颜色，默认值为 None。

autopct：用于设置饼图内各个扇形百分比显示格式，%d%% 为整数百分比，%0.1f 为一位小数，%0.1f%% 为一位小数百分比，%0.2f%% 为两位小数百分比。

labeldistance：用于设置标签标记的绘制位置，相对于半径的比例，默认值为 1.1，如设置此参数<1，则绘制在饼图内侧。

pctdistance：类似于 labeldistance，用于指定 autopct 的位置刻度，默认值为 0.6。

shadow：布尔值 True 或 False，用于设置饼图的阴影，默认值为 False，表示不设置阴影。

startangle：用于指定饼图的起始角度，默认从 x 轴正方向逆时针画起，如设置此参数为 90，则表示从 y 轴正方向画起。

radius：用于设置饼图的半径，默认值为 1。

【例 9-45】 绘制饼图。

```
#9-45.py
import matplotlib.pyplot as plt
import numpy as np
y = np.array([10, 20, 30, 40])
plt.pie(y,
        labels=['A','B','C','D'], #设置饼图标签
        colors=["yellowgreen", "gold", "red", "blue"], #设置饼图颜色
        )
plt.show()
```

运行上述代码后，输出如图 9-10 所示的饼图。

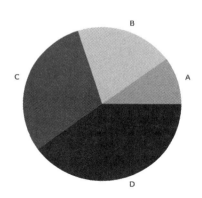

图 9-10 饼图

9.4.2 使用 subplot()绘制子图

如果需要同时绘制多个不叠加的图形，可以使用 pyplot 中的 subplot()函数。使用 subplot()函数绘图时需要指定位置。subplots()函数可以一次生成多个子图，在调用时只需要调用生成对象的 ax 即可。subplot()函数的语法格式如下：

```
subplot(nrows, ncols, index)
```

参数说明如下：

nrows：子图网格的行数。

ncols：子图网格的列数。

index：子图的索引，从左上角开始，从左到右、从上到下进行编号，编号从 1 开始。

下面是一个简单的示例，展示了如何使用 subplot()函数创建一个包含多个子图的图像窗口。

【例 9-46】 绘制子图。

```
#9-46.py
import matplotlib.pyplot as plt
import numpy as np
x = np.linspace(0, 10, 100)
y1 = np.sin(x)
y2 = np.cos(x)
#创建一个 2×1 的子图网格，并选择第一个子图
plt.subplot(2, 1, 1)
plt.plot(x, y1)
plt.title('Sine')
#选择第二个子图
plt.subplot(2, 1, 2)
plt.plot(x, y2)
plt.title('Cosine')
plt.show()
```

运行上述代码后，输出如图 9-11 所示的子图。

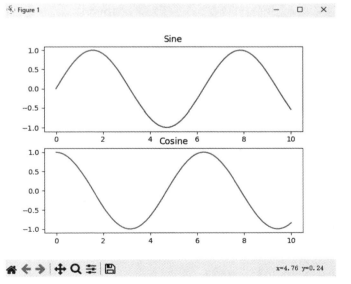

图 9-11　绘制子图

9.5 数据处理的应用实例

【例 9-47】 现有某公司过去两年的销售数据，其中包括每个月的销售额，如图 9-12 所示。为了方便数据的输入，把年月份和销售额数据保存在文件 "data.csv" 中。"data.csv" 文件的内容如图 9-13 所示。请绘制销售额趋势图、年度销售额柱状图、月度平均销售额柱状图。

Date	Sales
2022/1/31	4335
2022/2/28	3912
2022/3/31	4653
2022/4/30	3040
2022/5/31	1168
2022/6/30	2878
2022/7/31	2559
2022/8/31	1569
2022/9/30	1962
2022/10/31	3521
2022/11/30	3952
2022/12/31	1693
2023/1/31	2109
2023/2/28	3812
2023/3/31	3279
2023/4/30	1103
2023/5/31	4367
2023/6/30	3850
2023/7/31	1175
2023/8/31	2853
2023/9/30	3951
2023/10/31	4871
2023/11/30	1054
2023/12/31	1517

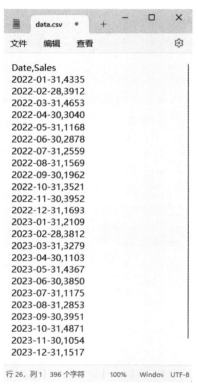

图 9-12 销售额数据   图 9-13 "data.csv" 文件内容

【分析】 通过读取 "data.csv" 文件获得年月份的销售额信息并存入 DataFrame 中；对其进行相应处理，得到相关统计信息；最后使用 Matplotlib 库的绘图功能将其可视化。

【参考代码】

```python
#9-47.py
import numpy as np
import pandas as pd
import matplotlib.pyplot as plt
plt.rcParams['font.sans-serif'] = ['SimHei']
#从 data.csv 文件中读取数据
```

```
df_read = pd.read_csv('data.csv', index_col='Date', parse_dates=True)
#创建一个包含多个子图的图形窗口
plt.figure(figsize=(10, 15))
#按月份统计销售额
monthly_sales = df_read.resample('ME').sum()
#绘制销售额趋势图
plt.subplot(3, 1, 1)
plt.plot(monthly_sales.index, monthly_sales['Sales'], marker='o')
plt.title('销售额趋势图')
plt.xlabel('日期')
plt.ylabel('销售额')
plt.grid(True)                          #在图形中添加网格线
#计算每年销售额总和
yearly_sales = df_read.resample('YE').sum()
#绘制年度销售额柱状图
plt.subplot(3, 1, 2)
plt.bar(yearly_sales.index.year, yearly_sales['Sales'])
plt.title('年度销售额柱状图')
plt.xlabel('年份')
plt.ylabel('销售额')
plt.xticks(yearly_sales.index.year)        #设置 x 轴刻度
plt.grid(axis='y')
#计算每月平均销售额
monthly_average = df_read.groupby(df_read.index.month)['Sales'].mean()
#绘制月度平均销售额柱状图
plt.subplot(3, 1, 3)
plt.bar(monthly_average.index, monthly_average)
plt.title('月度平均销售额柱状图')
plt.xlabel('月份')
plt.ylabel('销售额')
plt.xticks(np.arange(1, 13))
plt.grid(axis='y')
#调整子图之间的距离
plt.tight_layout()
#显示图形
plt.show()
```

运行上述代码后，输出如图 9-14 所示的图形。

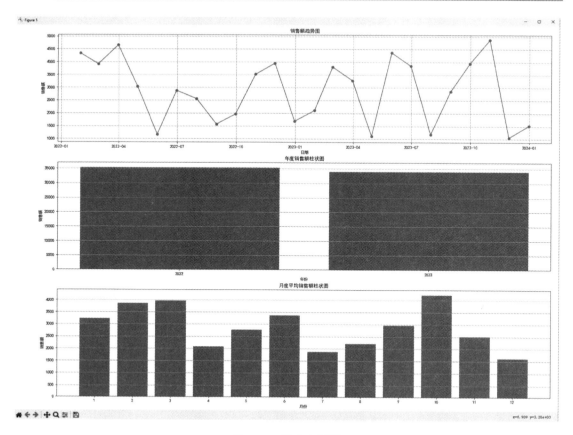

图 9-14   输出实例图

本 章 小 结

本章主要围绕 NumPy 库、Pandas 库和 Matplotlib 库展开，分别介绍了它们的定义和使用方法。主要包括 NumPy 库的核心数据结构 ndarray，创建数组的常用方式，以及 NumPy 库中数组的操作；Pandas 库的两个核心数据结构 Series 和 DataFrame 的创建方式，以及 Pandas 库的函数运用；Matplotlib 库中线图、柱状图、散点图、饼图的绘制方法。

课 后 思 考

1. 如何利用 NumPy 库和 Pandas 库提供的数据分析功能来发现数据中的规律和趋势？
2. 如何通过 Matplotlib 库实现更加优雅和有吸引力的数据可视化？
3. 在实际工作或项目中如何应用这三个库？尝试将所学知识应用到实际数据的处理、分析和可视化任务中。

第 10 章

程序设计常见问题

在 Python 编程中，开发者们经常会遇到一系列问题，这些问题从基础的语法错误到复杂的运行时异常，都是在编程过程中不可避免的挑战。本章将深入探讨编程新手易犯的错误，如代码格式不规范、异常处理不充分以及对 Python 语言特性理解不足导致的语义和运行时错误。我们还将讨论 Python 程序设计中的一些"坑"，例如逗号、路径分隔符和乱码问题，这些问题虽小，却可能导致难以追踪的错误。此外，本章还会介绍 Python 中的优雅编程实例，展示如何通过简洁、高效的代码实现功能，提升编程的艺术性。通过本章的学习，读者能够更好地理解 Python 编程中的问题，掌握解决问题的策略，从而提高编程技能，保证项目的成功。

10.1 编程新手易犯的错误

代码格式不规范是编程新手易犯的错误。如等号两边没有空格、逗号后面没有空格、函数之间没有空行等。

对程序异常考虑不充分也是编程新手易犯的错误。如程序要求用户输入数据，用户没有输入数据就确认了，或者输入的数据类型不正确。这些都会导致程序运行异常。

另外，程序中的语法错误、语义错误、运行时错误也是编程新手易犯的错误。

10.1.1 语法错误

(1) 程序中用中文符号。切记：程序中的逗号、引号、括号、冒号等都是英文符号。

【错误语句】

```
s = "理想信念"          #引号为中文符号
```

【正确语句】

```
s = "爱国情怀"
```

(2) 语句中的 if、else、elif、for、while、class、def、try、except、finally 等保留字语句末尾忘记添加英文冒号。

【错误语句】(程序片段)

```
if x == 100             #末尾没有添加英文冒号
```

```
    print("责任担当")
```

【正确语句】(程序片段)

```
if x == 100:
    print("诚信守信")
```

(3) 在语句中用赋值符号(=)代替等号(==)。

【错误语句】(程序片段)

```
if x = 100:                                    #赋值符号不能代替等于
    print("法治意识")
```

【正确语句】(程序片段)

```
if x == 100:
    print("道德修养")
```

(4) 语句缩进量不一致错误。确保没有嵌套的代码从最左边的第 1 列开始,包括 shell 提示符中没有嵌套的代码。Python 用缩进来区分嵌套的代码段,因此在代码左边的空格意味着嵌套的代码块。代码行缩进不一致是容易被忽视的错误。

【错误语句】(程序片段)

```
 if x == 100:                                   #没有从第 1 列开始
    print("团结协作")
  print("创新精神")                              #与上一行缩进不一致
```

【正确语句】(程序片段)

```
if x == 100:
    print("终身学习")
    print("奉献社会")
```

(5) 语句中变量或者函数名拼写错误。

【错误语句】

```
Print("艰苦奋斗是中华民族的传统美德")              #P 大写错误
```

【正确语句】

```
print("实践是检验真理的唯一标准")
```

(6) 语句中混用 Tab 键与空格。在代码块中,避免 Tab 键和空格键混用来缩进。否则在编辑器中看起来对齐的代码,在 Python 解释器中会出现缩进不一致的情况。

【错误语句】(程序片段)

```
if x == 100:
    print("人文关怀是教育的灵魂")                  #缩进为 Tab 键
    print("科学精神是推动人类文明进步的重要力量")      #缩进为空格
```

【正确语句】(程序片段)

```
if x == 100:
    print("人文关怀是教育的灵魂")
    print("科学精神是推动人类文明进步的重要力量")
```

(7) 语句中用空格代替点表示符。

【错误语句】(程序片段)

| s = math pi | #点表示符用空格代替错误 |

【正确语句】(程序片段)

| s = math.pi | |

(8) C/C++ 等语言用 ++ 做自增运算符；Python 用 += 做自增运算符。

【错误语句】

| x = 100 | |
| x++ | #错误为++为 c 语言自增运算符 |

【正确语句】

| x = 100 | |
| x += 1 | #或为 x = x + 1 |

10.1.2　语义错误

(1) 语句中序列的索引号错误。

【错误语句】

```
lst = ["艰苦奋斗", "实践能力", "科学精神", "人文关怀"]
print(lst[4])                    #索引号超界
```

【正确语句】

```
lst = ["艰苦奋斗", "实践能力", "科学精神", "人文关怀"]
print(lst[3])
```

(2) 语句中不同数据类型混用。函数 input()从键盘接收的数据都是字符串，当键盘输入的是数字时，很容易在编程时造成错误。

【错误语句】

```
x = input("请输入一个整数")
y = x + 100                      #x 为字符串，不能与整数混合使用
```

【正确语句】

```
x = int(input("请输入一个整数"))   #或使用 eval()函数
y = x + 100
```

(3) 函数输出的数据类型很容易被忽视，这在后续操作中很容易出错。如期望用函数 range()定义列表，但是 range()返回的是 range 对象而不是列表。

【错误语句】

```
s = range(6)
s[3] = 100                       #range()返回为替代器对象
```

【正确语句】

```
s = list(range(6))
s[3] = 100
```

(4) 不能直接改变不可变的数据类型，如数值型、元组、字符串都是不可变数据类型，不能直接改变它们的值。但是，可以用切片和连接的方法构建一个新对象。

【错误语句】

| tup = (2, 3, 4, 5) | #tup 为元组 |

```
    tup[2] = 10                                      #错误：将第 3 个元素修改为 10
```
【正确语句】
```
    tup = (2, 3, 4, 5)
    tup2 = tup[:2] + (10, ) + tup[3:]                #构建了一个新元组 tup2
```
在以上代码中，变量 tup2 为重新赋值的新对象；tup[:2]表示原元组中第 1~2 号元素；"+" 为连接运算；(10,)表示只有 1 个值的元组(当元组只有 1 个元素时，必须在元素后加逗号以示区别)；tup[3:]表示原元组中从第 4 个开始到结束的元素。

(5) 字符串中的元素可以读取，但字符串不可修改。

【错误语句】
```
    s = "和谐共生是社会发展地理想状态"              #s 为字符串
    s[9] = "的"                                      #修改字符串内容错误
```
【正确语句】
```
    s = "和谐共生是社会发展地理想状态"
    s = s[:9] + "的" + s[10:]                        #s 重新赋值
    print(s)
```

(6) Python 中，变量在没有赋值之前无法使用。因此，一定要记得初始化变量。

【错误语句】
```
    print("文化自信是一个民族最深沉的力量，",s1)      #s1 没有定义
```
【正确语句】
```
    s1 = "我们要坚持"
    print("文化自信是一个民族最深沉的力量，",s1)
```

10.1.3　运行时错误

(1) 在调用某些函数或方法时没有安装或导入相应的模块。

【错误语句】
```
    s = math.pi                                      #错误：没有导入 math 模块
```
【正确语句】
```
    import math
    s = math.pi
```

(2) 调用文件时，路径错误或者当前路径下不存在文件。

【错误语句】
```
    f = open("test.txt","r")                         #错误：当前目录中没有 test.txt 文件
```
【正确语句】
```
    f = open("..\test.txt","r")                      #文件路径修改正确,..\为上一级目录下的文件
```

(3) 在函数调用时，要注意变量的作用域，不要在函数外部调用局部变量。

【错误语句】
```
    def fun():
        x = 100
        return x
```

```
fun()
print(x)                    #错误：函数外无法访问函数内的局部变量
```

【正确语句】

```
def fun():
    x = 100
    print(x)
    return x
fun()
```

10.2 Python 程序设计的"坑"

Python 程序语言虽然简单易用，但是也容易给程序员造成一些难以捕捉的错误。程序总会有一些出乎意料的输出结果，这就是程序员通常所说的"坑"。下面是 Python 编程中一些常见的"坑"。

Python 程序设计中的三大"坑"是逗号、路径分隔符和乱码，如果使用不当就会出现错误。

10.2.1 神奇的逗号

在 Python 中，小括号既可以表示元组，又可以表示表达式的小括号，这样很容易产生二义性。因此，Python 规定，当小括号中只有一个元素时，加逗号表示是元组。需要特别注意的是，列表中元素加逗号后依然是列表。

(1) 示例：加逗号定义元组，不加逗号定义整型。

```
>>>tup1=(3)         #不加逗号，定义整型
>>>type(tup1)
<class "int">


>>>tup2=(3, )       #加逗号，定义元组
>>>type(tup2)
<class "tuple">
```

【坑】示例：列表元素加逗号。

```
>>>lst1=[3]         #不加逗号，定义列表
>>>type(lst1)
<class "list">


>>>lst2=[3, ]       #加逗号，仍旧是定义列表
>>>type(lst2)
<class "list">
```

类似地，引号后加不加逗号也决定着变量被定义为字符串还是元组。

(2) 示例：不加逗号时为字符串，加逗号为元组。

```
>>>tup1="湖南"        #定义字符串
>>>type(tup1)
<class "str">


>>>tup2="湖南",       #定义元组
>>>type(tup2)
<class "tuple">
```

在列表中，若元素之间不加逗号，则被程序理解为同一元素。

(3) 示例：不加逗号为同一元素。

```
>>>lst=["我爱""中国"]
>>>lst
['我爱中国']
```

在返回时，在返回值后加上逗号则返回的是元组，不加逗号则返回原本的值。

(4) 示例：加逗号时返回元组，不加逗号时返回整数。

```
>>>def f():
    return 1,          #有逗号
>>>type(f())
<class "tuple">


>>>def f():
    return 1           #无逗号
>>>type(f())
<class "int">
```

变量名也可以在尾部加逗号。

(5) 示例：带逗号尾巴的变量名。

```
>>>lst=[30]
>>>y, =lst
>>>type(y)
<class "int">
```

10.2.2 神奇的星号

Python 中的星号(*)用途很多，它们既可以用于算术运算，又可以用于字符加倍，还可以用于导入模块中的所有函数。在函数中，一般用 * 表示元组类型数据，用 ** 表示字典类型数据；它们既可以用在函数形参中，又可以用在函数 zip()的解包运算中。星号的用途主要有以下几种：

(1) 用*和**号做算术运算：

```
>>>2 * 3                         #2 乘以 3
>>>2 ** 3                        #2 的 3 次方
>>>2 ** 0.5                      #2 的平方根
```

(2) 用*表示字符串的倍数：

```
>>>print("终身学习" * 3)
终身学习终身学习终身学习
```

(3) 用*表示元组可变参数：

```
def fun1(*t):                    #形参*t 为元组
    print(t)
fun1(1,2,3,4)
(1,2,3,4)                        #运行结果
```

(4) 用**表示字典可变参数：

```
def fun2(**d):                   #形参**d 为字典
    print(d)
fun2(x = 1,y = 2,z = 3)
{"x":1, "y":2, "z":3}            #运行结果
```

(5) 用 zip()函数打包、解包：

```
lst1 = ["x", "y", "z"]
lst2 = [1, 2, 3]
k = zip(lst1, lst2)
print(list(k))
[("x", 1), ("y", 2), ("z", 3)]   #运行结果

K = [("x", 1), ("y", 2), ("z", 3)]
m = zip(*k)
print(list(m))
[("x", "y", "z"), (1, 2, 3)]
```

(6) 列表赋值：

```
>>>a, b, *c=[1, 2, 3, 4]
>>>print(a,b,c)
1 2 [3, 4]
```

(7) 用**表示一个字典：

```
>>>d = {"x":1, "y":2, "z":3}
>>>print("{x}, {y}, {z}".format(**d))
1,2,3
```

10.2.3 其他神奇运算

(1) 用下画线做临时变量。

```
>>>4 + 6
10
>>>_                     #最近一次临时结果
10
>>>print(_)
10
```

(2) 省略号也是对象。

```
>>>def fun():
    ...                  #用...替代 pass 语句
#python 中...是一个内置对象
#它的正式名称为 Ellipsis(省略号)
>>>...
Ellipsis
```

如上所示，可以用"_"获取最近一次的临时结果；Python 程序有用"_"作为临时变量名的传统。

(3) 带参数调用返回结果。

```
def a(x):
    return x*x
print(a(2))            #命令式编程
```

运行结果为：4。

(4) 调用函数名返回地址。

```
def a(x):
    return x*x
print(a)               #函数式编程
```

运行结果为<function a at 0x000002A6A9E5FD90>。

(5) 定义多个列表。

```
>>>lst = [[]] * 3       #定义有 3 个空列表元素的列表
>>>print(lst)
[[], [], []]
>>>lst[0].append(5)     #索引值为 0 的元素追加 5
>>>print(lst)
[[5], [5], [5]]         #坑，3 个元素都追加了 5
```

(6) 定义多个列表的方法。

```
>>>lst = [[] for _ in range(3)]
>>>print(lst)
[[], [], []]
>>>lst[0].append(5)     #索引值为 0 的元素追加 5
>>>print(lst)
[[5], [ ], [ ]]
```

(7) 逻辑运算符 and、or 通常用作判断，很少用它来取值。如果用逻辑运算符赋值，当表达式中所有值都为真时，or 会选择第 1 个值，而 and 则会选择最后那个值。

```
>>>(2 or 3) * (5 and 7)        #或运算 or 选择第 1 个值，与运算 and 选择最后那个值
14                             #2 * 7 的结果为 14
```

(8) 到底循环了多少次。

```
for i in range(4):
    print(i,end="\t")
    i = 10                     #改变变量 i 不影响迭代次数
```

输出结果为： 0   1   2   3。

程序说明：程序第 3 行的赋值语句 i=10 并不会影响循环。在每次迭代开始之前，迭代器 range(4)函数生成的下一个元素赋值给迭代变量 i。

10.3 Python 优雅编程实例

很多程序语言都可以实现优雅编程，优雅编程要求代码干净、整洁、一目了然。除前面章节案例中列举的一些优雅编程方法(如列表推导式、三元表达式、匿名函数等)外，还有下面一些常见的 Python 优雅编程方法。

(1) 利用元组实现多值判断优雅编程。

```
#常规写法
num = 1
if num == 1 or num ==3 or num==5:
    print("满足条件")


#优雅写法
num = 1
if num in (1, 3, 5):
    print("满足条件")
```

(2) 变量赋值优雅编程。

```
#常规写法
info = ["立德树人", "自强不息", "知行合一", "敬业奉献"]
s1 = info[0]
s2 = info[1]
s3 = info[2]
s4 = info[3]
print(s1, s2 ,s3 ,s4)


#优雅写法
info = ["立德树人", "自强不息", "知行合一", "敬业奉献"]
```

```
s1, s2, s3, s4 = info
print(s1, s2 ,s3 ,s4)
```

(3) 区间判断优雅编程。

```
#常规写法
score = 85
if score > = 80 and score < 90:
    level = "良好"
print(level)


#优雅写法
score = 85
if 80<= score < 90:
    level = "良好"
print(level)
```

(4) 判断优雅编程。

```
#常规写法
a, b, c = [1.3.5],{}, ""
if len(a) > 0:
    print("a 为非空")
if len(b) > 0:
    print("b 为非空")
if len(c) > 0:
    print("c 为非空")


#优雅写法
a, b, c = [1, 3, 5],{}, ""
if a:
    print("a 为非空")
if b:
    print("b 为非空")
if c:
    print("c 为非空")
```

程序说明：if 后面的执行条件可以简写，只要条件是非零数值、非空字符串、非空列表等，就将其判断为 True，否则为 False。

(5) 遍历序列优雅编程。

```
#常规写法
info = ["立德树人", "自强不息", "知行合一", "敬业奉献]
for i in range(len(info)):
    print(i, ":", info[i])
```

```
#优雅写法
info = ["立德树人", "自强不息", "知行合一", "敬业奉献]
for k, v in enumerate(info):
    print(k, ":", v)
```

(6) 字符串连接优雅编程。

```
#常规写法
info = ["立德树人", "自强不息", "知行合一", "敬业奉献]
result=""
for i in info:
    result += i
print(result)


#优雅写法
info = ["立德树人", "自强不息", "知行合一", "敬业奉献]
result = "".join(info)
print(result)
```

(7) 键值交换优雅编程。

```
#常规写法
stu = {"姓名":"张三", "年龄":20}
exchange = {}
for k, v in stu.items():
    exchange[v]=k
print(exchange)


#优雅写法
stu = {"姓名":"张三", "年龄":20}
exchange = {v:k for k, v in stu.items()}
print(exchange)
```

(8) 循环优雅编程。

```
#常规写法
mystr = "绿色发展，和谐共生，是可持续发展的必由之路"
i = 0
while i < len(mystr):
    print(mystr[i], end="")
    i += 1


#优雅写法
mystr = "绿色发展，和谐共生，是可持续发展的必由之路"
for i in mystr: print(i, end="")
```

```
#循环体只有一行语句时，可以和循环语句写在同一行
```

(9) ()、[]、{}符号中间，在元素逗号处换行可以省略续行符。

```
>>> lst = [1, 2,
            4, 5]
>>>tup = (1, 2,
            4, 5)
>>> dic =    {"姓名":"张三",
              "年龄":20}
```

(10) 用一行代码打印迷宫。

```
print("".join(__import__("random").choice("\u2571\u2572") for i in range(1000)))
```

(11) 用一行代码打印漫画。

```
import antigravity
```

(12) 用一行代码打印 python 之禅。

```
import this
```

本 章 小 结

本章是对 Python 编程中常见问题的详细总结，具体包括以下几个方面：

(1) 编程新手易犯的错误：包括代码格式不规范、异常处理不足、语法错误、语义错误和运行时错误。具体例子包括使用中文符号、忘记冒号、错误使用赋值和比较运算符、不一致的缩进、拼写错误、混用 Tab 和空格进行缩进、点表示符的错误使用、自增运算符的误用等。

(2) Python 程序设计的"坑"：涉及逗号、星号的误用、路径分隔符问题和乱码问题。详细解释了逗号在定义元组、列表和函数返回值时的易错用法，星号在算术运算和函数参数中的应用，以及一些其他的 Python 特性，如下画线、省略号、逻辑运算符的不常见用法。

(3) Python 优雅编程案例：介绍了一些使代码更简洁、易读的编程技巧，如使用元组进行多值判断、变量赋值、区间判断、简洁的条件判断、使用 enumerate 进行遍历、字符串连接、字典推导式、一行代码实现特定功能等。

整体而言，本章为 Python 学习者提供了一个关于常见编程错误的指南，并展示了如何通过 Python 的一些高级特性来编写更加优雅和高效的代码。

附录 1 常用字符与 ASCII 值对照表

常用字符与 ASCII 值对照表如附表 1-1 所示。

附表 1-1 常用字符与 ASCII 值对照表

ASCII 值	字 符		ASCII 值	字符	ASCII 值	字符	ASCII 值	字符
000	(blank)	[NUL]	032	(space)	064	@	096	`
001	☺	[SOH]	033	!	065	A	097	a
002	☻	[STX]	034	"	066	B	098	b
003	♥	[ETX]	035	#	067	C	099	c
004	♦	[EOT]	036	$	068	D	100	d
005	♣	[END]	037	%	069	E	101	e
006	♠	[ACK]	038	&	070	F	102	f
007	(beep)	[BEL]	039	'	071	G	103	g
008	◘	[BS]	040	(	072	H	104	h
009	(tab)	[HY]	041	)	073	I	105	i
010	(line feed)	[LF]	042	*	074	J	106	j
011	♂	[VT]	043	+	075	K	107	k
012	♀	[FF]	044	,	076	L	108	l
013	(carrige return)	[CR]	045	−	077	M	109	m
014	♫	[SO]	046	.	078	N	110	n
015	☼	[SI]	047	/	079	O	111	o
016	►	[DLE]	048	0	080	P	112	p
017	◄	[DC1]	049	1	081	Q	113	q
018	↕	[DC2]	050	2	082	R	114	r
019	‼	[DC3]	051	3	083	S	115	s
020	¶	[DC4]	052	4	084	T	116	t
021	§	[NAK]	053	5	085	U	117	u
022	▬	[SYN]	054	6	086	V	118	v
023	↨	[ETB]	055	7	087	W	119	w
024	↑	[CAN]	056	8	088	X	120	x
025	↓	[EM]	057	9	089	Y	121	y
026	→	[SUB]	058	:	090	Z	122	z
027	←	[ESC]	059	;	091	[	123	{
028	∟	[FS]	060	<	092	\	124	|
029	↔	[GS]	061	=	093	]	125	}
030	▲	[RS]	062	>	094	^	126	~
031	▼	[US]	063	?	095	_	127	⌂

注：方括号"[ ]"中为对应的"控制字符"，通常用于控制或通信。

附录 2　运算符的优先级及结合性

运算符的优先级及结合性如附表 2-1 所示。

附表 2-1　运算符的优先级及结合性

优先级	运　算　符	描　述	结合性
1	()、[]、{}	圆括号、列表字面量、字典、集合	左至右
2	**	指数	右至左
3	+x、-x、～x	正号、负号、按位取反	右至左
4	*、/、//、%	乘、除、整除、求余	左至右
5	+、-	加法、减法	左至右
6	<<、>>	左移、右移	左至右
7	&	按位与	左至右
8	^	按位异或	左至右
9	|	按位或	左至右
10	==、!=、<、<=、>、>=	比较运算符	左至右
11	not	布尔"非"	右至左
12	and	布尔"与"	左至右
13	or	布尔"或"	左至右
14	if else	条件表达式	右至左
15	:=	赋值表达式(海象运算符)	右至左
16	=、+=、-=、*=、/=、//=、%=、**=	赋值运算符	右至左
17	,	逗号	左至右
18	lambda	Lambda 表达式	右至左

附录 3　全国计算机等级考试二级 Python 考试大纲(2024 版)

一、基本要求

(1) 掌握 Python 语言的基本语法规则。

(2) 掌握不少于 3 个基本的 Python 标准库。

(3) 掌握不少于 3 个 Python 第三方库，掌握获取并安装第三方库的方法。

(4) 能够阅读和分析 Python 程序。

(5) 熟练使用 IDLE 开发环境，能够将脚本程序转变为可执行程序。

(6) 了解 Python 计算生态在以下方面(不限于)的主要第三方库名称：网络爬虫、数据分析、数据可视化、机器学习、Web 开发等。

二、考试内容

1. Python 语言基本语法元素

(1) 程序的基本语法元素：程序的格式框架、缩进、注释、变量、命名、保留字、连接符、数据类型、赋值语句、引用。

(2) 基本输入输出函数：input()、eval()、print()。

(3) 源程序的书写风格。

(4) Python 语言的特点。

2. 基本数据类型

(1) 数字类型：整数类型、浮点数类型和复数类型。

(2) 数字类型的运算：数值运算操作符、数值运算函数。

(3) 真假无：True、False、None。

(4) 字符串类型及格式化：索引、切片、基本的 format()格式化方法。

(5) 字符串类型的操作：字符串操作符、操作函数和操作方法。

(6) 类型判断合类型间转换。

(7) 逻辑运算和比较运算。

3. 程序的控制结构

(1) 程序的三种控制结构。

(2) 程序的分支结构：单分支结构、二分支结构、多分支结构。

(3) 程序的循环结构：遍历循环、条件循环。

(4) 程序的循环控制：break 和 continue。

(5) 程序的异常处理：try-except 及异常处理类型。

4. 函数和代码复用

(1) 函数的定义和使用。

(2) 函数的参数传递：可选参数传递、参数名称传递、函数的返回值。

(3) 变量的作用域：局部变量和全局变量。

(4) 函数递归的定义和使用。

5. 组合数据类型

(1) 组合数据类型的基本概念。

(2) 列表类型：创建、索引、切片。

(3) 列表类型的操作：操作符、操作函数和操作方法。

(4) 集合类型：创建。

(5) 集合类型的操作：操作符、操作函数和操作方法。

(6) 字典类型：创建、索引。

(7) 字典类型的操作：操作符、操作函数和操作方法。

6. 文件和数据格式化

(1) 文件的使用：文件打开、读写和关闭。

(2) 数据组织的维度：一维数据和二维数据。

(3) 一维数据的处理：表示、存储和处理。

(4) 二维数据的处理：表示、存储和处理。

(5) 采用 CSV 格式对一二维数据文件的读写。

7. Python 程序设计方法

(1) 过程式编程方法。

(2) 函数式编程方法。

(3) 生态式编程方法。

(4) 递归计算方法。

8. Python 计算生态

(1) 标准库的使用：turtle 库、random 库、time 库。

(2) 基本的 Python 内置函数。

(3) 利用 pip 工具的第三方库安装方法。

(4) 第三方库的使用：jieba 库、PyInstaller 库、基本 NumPy 库。

(5) 更广泛的 Python 计算生态，只要求了解第三方库的名称，不限于以下领域：网络爬虫、数据分析、文本处理、数据可视化、用户图形界面、机器学习、Web 开发、游戏开发等。

三、考试方式

上机考试，考试时长 120 分钟，满分 100 分。

1. 题型及分值

单项选择题 40 分(含公共基础部分 10 分)，操作题 60 分(包括基本编程题和综合编程题)。

2. 考试环境

Windows 7 操作系统，建议 Python 3.5.3 至 Python 3.9.10 版本，IDLE 开发环境。

参 考 文 献

[1]　李东方，文欣秀，张向东. Python 程序设计基础[M]. 2 版. 北京：电子工业出版社，2020.

[2]　张明，郭小燕. Python 语言程序设计[M]. 北京：清华大学出版社，2023.

[3]　江红，余青松. Python 程序设计与算法基础教程[M]. 北京：清华大学出版社，2017.

[4]　董付国. Python 程序设计基础与应用[M]. 北京：机械工业出版社，2021.

[5]　嵩天，礼欣，黄天羽. Python 语言程序设计基础[M]. 2 版. 北京：高等教育出版社，2017.

[6]　赵璐. Python 语言程序设计教程[M]. 上海：上海交通大学出版社，2019.

[7]　ZELLE J. Python 程序设计[M]. 3 版. 王海鹏，译. 北京：人民邮电出版社，2018.

[8]　HETLAND M L. Python 基础教程[M]. 3 版. 袁国忠，译. 北京：人民邮电出版社，2018.